第4版 | Windowsでつくる

小さな会社の
LAN
構築・運用ガイド

橋本情報戦略企画
Microsoft MVP (Windows and Devices for IT)
橋本和則

最新OS
対応
Windows
11&10

本書内容に関するお問い合わせについて

このたびは翔泳社の書籍をお買い上げいただき、誠にありがとうございます。弊社では、読者の皆様からのお問い合わせに適切に対応させていただくため、以下のガイドラインへのご協力をお願いいたしております。下記項目をお読みいただき、手順に従ってお問い合わせください。

●ご質問される前に

弊社 Web サイトの「正誤表」をご参照ください。これまでに判明した正誤や追加情報を掲載しています。

正誤表　　　　https://www.shoeisha.co.jp/book/errata/

●ご質問方法

弊社 Web サイトの「刊行物 Q&A」をご利用ください。

刊行物 Q&A　　https://www.shoeisha.co.jp/book/qa/

インターネットをご利用でない場合は、FAX または郵便にて、下記〝翔泳社 愛読者サービスセンター〟までお問い合わせください。

電話でのご質問は、お受けしておりません。

●回答について

回答は、ご質問いただいた手段によってご返事申し上げます。ご質問の内容によっては、回答に数日ないしはそれ以上の期間を要する場合があります。

●ご質問に際してのご注意

本書の対象を超えるもの、記述箇所を特定されないもの、また読者固有の環境に起因するご質問等にはお答えできませんので、あらかじめご了承ください。

●郵便物送付先および FAX 番号

送付先住所　　〒 160-0006　東京都新宿区舟町 5
FAX 番号　　　03-5362-3818
宛先　　　　　（株）翔泳社 愛読者サービスセンター

はじめに

　小さな会社では、自分の担当業務をこなしながらネットワーク構築・運用をしなければならない「なんとなくネットワーク管理者」という立場の方も多いことと思われます。
　実は、筆者も「小さな会社」に属していたサラリーマン時代に、少々PCに詳しいというだけで、いきなりネットワークの構築と管理を任されてしまった1人です。

　小さな会社では「コスト制限」「無線LAN環境の構築」「サーバーの構築管理」「セキュリティ対策」「ITリテラシーが低い社員でも使いやすい環境の構築」……難題はたくさんあるのですが、「小さな会社ならではの課題」を克服して安全に運用するためのテクニックを解説しているのが、本書『Windowsでできる小さな会社のLAN構築・運用ガイド 第4版』です。

　日本企業の99.7%は中小企業であり実際に小規模なビジネス環境が多いにもかかわらず、ネットワーク関連書籍の多くはエンタープライズ企業向けであったり、あるいはビジネスを想定しないホームユース向けであったりするので、実は本書のような「小さな会社のLAN」をしっかりと解説した書籍は稀（まれ）だったりします。

　キーワードは「シンプル」「柔軟性」「わかりやすさ」です。

　本書では、ネットワークの理論をきちんと解説したうえで、極めて低コストで使いやすい「サーバークライアント環境」を構築します。
　サーバーには専用OSや独自OSなどは利用せずに、汎用OSであるWindowsを採用するためわかりやすいのが特徴です。ルーターや無線LANの設定も「小さな会社」向けに掘り下げ、オフィス内にいるすべての人にとって使いやすく、かつセキュアなネットワーク環境を構築することを目的としています。

　本書の語るネットワーク構築・管理テクニックが、日ごろ何かと苦労が多い「小さな会社のなんとなくネットワーク管理者」のお役に立てれば幸いです。

2023年4月　橋本情報戦略企画　橋本和則

CONTENTS

Chapter 3 無線 LAN の導入と設定   **67**

Chapter 4 サーバー／クライアントでの共通設定   **91**

Chapter 5　Windows PC でのサーバー構築　123

Chapter 7　クライアントからサーバーにアクセスする　201

Chapter
1
Chapter
2
Chapter
3
Chapter
4
Chapter
5
Chapter
6
Chapter
7
Chapter
8
Appendix

Chapter 1

Windowsでつくる会社内の「サーバー」「クライアント」ネットワーク

1-1 小さな会社ならではの柔軟性のあるネットワーク構築

「小さな会社」ならではのLAN環境構築と管理

　大企業では自社のネットワーク管理において専任のネットワーク管理者を据えるか、あるいは保守管理を専門業者に任せて運用しているのが一般的です。つまりネットワーク構築やインフラづくりは「専門家」にやってもらえるので手放しでよく、また運用上問題が起こってもサポートしてもらえるのです。

　しかし、私たちのような小さな会社（中小企業や個人企業）は違います。**本来の自分の担当業務進行はそのまま、ネットワークの構築・管理・運用・トラブルシュートなどを並行して作業しなければならないという方も多い**でしょう。

　ちなみに小さな会社では、大企業のように同一OS＆同一スペックのPCを一括導入してクライアント環境をそろえて整えるという比較的簡単でわかりやすい管理……という運用もままなりません。

　小さな会社では運用を進めながら必要に応じてPCを買い増してネットワークに参加させるというスタイルになるため、クライアントごとにOSやPCスペックが異なり管理しづらく、場当たり的な対処になりがちです。

　どのPCからどのPCにアクセス許可しているのかわからない、必要なファイルがどこにあるかが見つけにくい、重要なファイルが必要のない人にまでアクセス許可されてしまっている……など、ビジネス環境として致命的なネットワーク管理になってしまうことも少なくないのです。

本書が目指すネットワーク環境

そこで、本書『Windowsでできる小さな会社のLAN構築・運用ガイド 第4版』が役に立ちます。

本書では、メーカーもPCスペックもばらばらなWindows PCをネットワーク上で運用しても問題なく、**低コストで運用できるサーバークライアント環境の構築を解説**します。

また、「サーバー」「クライアント」「物理ネットワーク」などの仕組みを理論的かつわかりやすく解説したうえで、Windows 11／10の多機能かつ複雑なファイル共有機能から「小さな会社に必要なネットワーク機能」のみをチョイスして環境構築するため、誰にでも簡単にシンプルかつセキュアで将来性のあるネットワーク環境を構築できます。

Column 「柔軟性」と「シンプルさ」が求められる小さな会社のLAN

小さな会社ではネットワーク内の「PCが増える」「PCの入れ替え」「PCの配置移動」などが不定期に起こりえるため、一度しっかり環境構築してしまえばそのままでOKというわけではありません。また将来におけるハードウェア故障や環境変化で、ネットワーク通信がうまくいかなくなるという可能性もあります。

専任のネットワーク管理者であればこのような環境変化やトラブルシュートに労力と時間を注いでもよいのですが、さまざまな業務を並行してこなす必要がある小さな会社の「なんとなくネットワーク管理者」には時間も余裕もありません。

ネットワーク環境構築に「複雑」という要素が介在すれば、結果的にネットワーク作業において時間を要することになるため自身の首を絞めかねないほか、ネットワークゆえに自分だけではなく会社全体の業務遅延などの大きな問題に発展しかねないのです。

そのため、**小さな会社で求められるのは、「シンプルで柔軟なネットワーク環境」**です。

ちなみに、本書では**ネットワークにおいて「汎用機材」「汎用OS」を利用したうえで、「シンプル」「柔軟性」「わかりやすさ」というキーワードを重視**した解説を行っています。

小さな会社における「サーバー（ファイルサーバー）」での集中管理

ネットワークにおいて、アクセスを受ける側を「サーバー（ホスト）」、サーバーにアクセスする側を「クライアント」といいます。

Windows 11 ／ 10は共有フォルダー設定を行うことにより、実はどのPCでも「サーバー」になることができ、またどのPCからもクライアントとしてサーバーにアクセスできます。

つまり、今目の前にあるどのPCも「サーバー」にも「クライアント」にもなれるのですが、**小さな会社でネットワーク環境を構築するうえでのポイントは、「1台のサーバーにデータファイルを集約させる」という管理**です。

これはいろいろなPCにデータを分散させてしまうと、どのPCにどのデータが入っているかわかりにくくなってしまうほか、本来参照させたくないデータを他者が開いてしまい情報漏えいが起こる、どのファイルが最新版かがわからず古いファイルを提出してしまうなどの問題が起こりえるからです。

一方、1台のサーバーにデータファイルを集約させたうえで共有フォルダーに「アクセス権」をしっかりと設定すれば、**必要なユーザー以外は該当データにアクセスできないというセキュアな環境を構築**できます。また、共有設定やバックアップなどもサーバーのみで行えばよいというシンプルな管理が実現できます。

Column　サーバーにデータファイルを集約させるその他のメリット

小さな会社ではPCの台数を増やすことや、故障や老朽化などでPC置き換えやメンテナンスを行うことが多くありますが、こんな際に役立つのも「サーバーにデータファイルを集約している環境」です。

データファイルが各PC内にある場合データ移行にかなり手間がかかりますが、データファイルを**「サーバー」にあらかじめ集約しておけばクライアントの状態はビジネス業務上のネットワーク運用に影響を及ぼさないため**、サーバーと他のクライアント作業は進行したまま、対象PCに対して自由に取り外し／メンテナンスなどを行えます。また同様に新PCの増設なども容易になるのです。

まとめると、サーバーにデータファイルを集約することでファイルロストや情報漏えいが起こりにくくなるほか、全般的な管理が一元化できるためシンプルでセキュアな環境を実現できます。

▶サーバーとクライアント

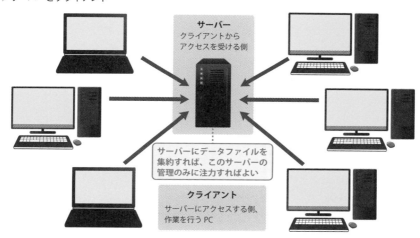

サーバー
クライアントから
アクセスを受ける側

サーバーにデータファイルを
集約すれば、このサーバーの
管理のみに注力すればよい

クライアント
サーバーにアクセスする側、
作業を行う PC

サーバーに「汎用PC」「汎用OS」を利用してコストの大幅削減

本書では小さな会社のネットワーク運用において、わかりやすく将来性のあるネットワーク管理を確保するため「サーバークライアント環境（サーバーにデータファイルを集約させてクライアントからアクセスして作業を行う環境）」を構築します。

つまり「サーバー専用PC」が1台必要になるのですが、サーバーというと値段が高くて高性能PCでかつ、サーバー用専用OS（Windows Server 2022など）を用意しなければならないというイメージがあるかもしれません。

ちなみに、本書でいうサーバー PC は**「汎用PC（市販のデスクトップPC）」と「汎用OS（Windows 11／10）」を利用するため、低コストでかつ、普段利用しているOSであるがゆえにわかりやすい**のが特徴です。

サーバー PC本体

　「サーバー PC」などというとクライアントから集中アクセスを受けるため、たいそうな機能とスペック（CPUやメモリ）を搭載したPCが必要なように思えるかもしれませんが、実は単にネットワーク経由でファイルを読み書きするだけのPCであるため、安価な汎用PCで必要十分です。

　サーバー PC本体の商品選択と必要スペックは5-2で解説します。

▶PC性能の比較

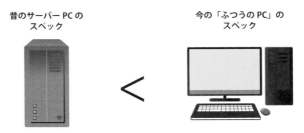

昔のサーバー PC の
スペック

今の「ふつうの PC」の
スペック

従来はサーバー PCにおいて「高スペック」であることが要求されたが、現在のコンシューマーレベルのPCは「過去に高スペックとされたPC」の数倍の性能を有するため、いわゆる低価格PCをサーバー PCとして活用できる。なお、メンテナンス性や将来性を考えるとサーバー PCは「デスクトップPC」であることが求められる（P.131参照）。

サーバー用OS

　私たちが構築するサーバーは何百人ものユーザーから集中的にアクセスを受けるものではありません。汎用的なWindows 11 ／ 10においてもネットワークにおける同時アクセス数は「20」まで許容されるため、つまり小さな会社ではWindows 11 ／ 10でも十分サーバー機能を満たします。

　ちなみにサーバー OSとしてWindows 11 ／ 10を採用することにより、結果的に使い慣れているOS＆情報が多いOSでのサーバー管理になるため、**柔軟性が高くトラブルシュートが行いやすい**などのメリットを享受できます。

　また、覚えた操作や設定を将来にわたって活用できる点もポイントであり、**ネットワーク管理者の引き継ぎなども比較的スムーズにできる**のがメリットです。

1-2 小さな会社で重要な「閉じたネットワーク」と「継続できるサーバー」

自社内でしかアクセスできないという「閉じたネットワーク」のメリット

小さな会社のLANは**社内からのみファイルサーバー（以後、サーバー）にアクセスできる「閉じたネットワーク」で構築すべき**です。

これは、「会社にいる人間だけアクセスできる」という絶対的な安心感とセキュリティの確保が小さな会社向きだからです。

外部からアクセス可能な環境を構築することも可能ですが、社内のみアクセス可能という「閉じたネットワーク」と比較して、「インターネットがあれば［いつでも］・［どこからでも］・［どの媒体からでも］アクセス可能」という大海に飛び出してしまうと、アクセスするためのアカウント（ユーザー名やパスワード）が破られてしまったり漏れてしまったりした場合、悪意ある第三者にアクセスを許す、あるいは「退職者」や「退職を決断した者」が社外から簡単にサーバーのファイルについて改ざん・消去・漏えいなどの悪意が行えるようになってしまいます。

もちろん、外部からのアクセスを監視する、アクセスログを定期的に確認する、ユーザーアカウントの管理を厳密にする（退職者や悪意を持つ可能性があるアカウントを消去する）などでセキュリティを確保することもできるのですが、専任ネットワーク管理者を置けない「小さな会社」では現実的な管理とはいいがたいです。

だからこそ、**小さな会社は「閉じたネットワーク」で運用すべき**なのです。

▶閉じたネットワークの安全性

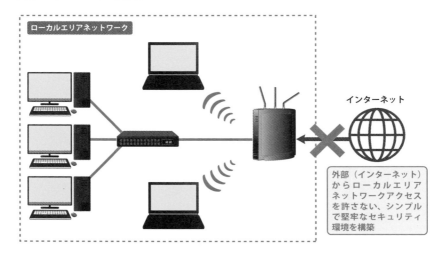

外部から絶対にアクセスを許さない環境。こんなシンプルな環境構築でサーバーやクライアントの安全性は確保できる。ちなみに、外部からのアクセスを許す環境構築は、小さな会社向きとはいえないアカウント管理やアクセス監視などの人的リソースが必要になる。

「理解できる範囲」で環境構築すべきサーバークライアント環境

　小さな会社にとって、もう一つ重要なのが理解&把握できる範囲の技術と設定でネットワーク環境を構築することです。

　例えば、PCやネットワークに詳しい者であれば、先に挙げたローカルエリアネットワーク外からサーバーにアクセス可能な環境構築や、Windows PC以外でサーバーを構築することなども可能です。

　しかし、もし「PCやネットワークに詳しい者」が体調を崩して長期で休んでしまったり、あるいは退職してしまったりした場合はどうでしょうか？

　将来にわたる会社の継続と人材の流動性を考えた場合、少なくとも新しいネットワーク管理者にも理解できるサーバーが小さな会社には必要です。逆にいえば、複雑な設定や複合的な管理が必要なネットワーク環境は、小さな

会社に不向きなのです。

つまり、**小さな会社はシンプルでわかりやすいネットワーク＆サーバーク ライアント環境を「理解できる範囲」で構築すべき**なのです。

▶小さな会社は「理解できない環境構築」はNG

小さな会社では事業の継続や人材の流動性な ども踏まえ、「理解できないこと」あるいは 「引き継ぎが難しいもの」には手を出さないの が基本。小さな会社こそ、世の中のDX化や 「○○サービスは簡単・便利」などという キャッチに踊らされず、地に足をつけて継続 運用可能な物事のみをチョイスすべきなのだ。

クラウドと閉じたネットワークの比較

クラウドにデータを置けば、インターネットさえあれば、[いつでも]・ [どこからでも]・[どの媒体からでも]アクセス可能というメリットがあり ます。つまり24時間どこでも作業が可能、会社外の自宅や喫茶店でも作業 が可能、PC以外のスマートフォンやタブレットなどからでもデータアクセ ス可能という優れた特徴がクラウドにはあるのです。

しかし、クラウドのいつでも・どこからでも・どの媒体からでもアクセス 可能という状態は、アカウント情報が漏れたりPCを盗まれたりしてしまう と、ファイルの改ざん・消去・漏えいなどの悪意が外部から容易に実行可能 となってしまいます。

また、クラウドは「コスト」にも着目すべきです。**クラウドは基本サブス クリプションであるため、ライセンス数（1ユーザー1ライセンスが基本） に従って毎月利用料金を支払わなければなりません**。クラウドは時事によっ て「価格改定（値上げ）」も行われます。

一方、本書の構築するサーバーは「ローカルエリアネットワーク内でのみ

ファイルアクセスが可能（閉じたネットワーク）」という、シンプルかつ外部アクセスを許さない構造にあるためセキュアであるほか、構築してしまえば月額0円で運用できます。**Windowsによる構築なので、更新されても主操作や考え方に大きな変更は加えられないため、覚えた知識や管理テクニックは一生使える点もポイントです。**

Column クラウドは「併用する」もの

　上記では情報漏えいやコストなどの観点から「閉じたネットワーク」を推奨していますが、自宅や営業先など社外から共有ファイルにアクセスしたいなどの用途もあるかもしれません。

　この場合にはクラウドを活用するのも1つの手段ですが、クラウドを採用する場合でも「社外で共有すべきファイルのみをクラウドに置く」のが基本です。この活用方法であれば管理もコストも最小限で済むほか、万が一クラウドに対する悪意・情報漏えいなどが起こっても被害は最小限で済みます。

　逆の言い方をすれば、クラウドを活用する場合であっても「すべてのファイルをクラウドに置くわけではない」ため、やはり**「サーバーの構築（ローカルエリアネットワーク上でのファイルサーバー）」は必要になる**のです。

WindowsファイルサーバーとNASの比較

　本書はファイルサーバー構築として「一般的に販売されているWindows 11 ／ 10 PCをサーバーにする」手順を解説します。

　ちなみに、サーバーは「NAS（Network Attached Storage）」を用いるという方法もあります。NASには筐体がコンパクトであるなどのメリットも存在しますが、本書では「Windowsで構築するファイルサーバー」を推奨します。

　これはNASの場合、ネットワーク経由でしかアクセス・設定ができないため、ある程度ネットワークの知識を要求されるほか、**共有フォルダーやユーザー設定を行うための設定コンソールがメーカーごとに異なるため操**

作・設定がやや難しいという点にあります（紙のマニュアルも基本添付されていません）。

　また、NASが多機能である点にも注意が必要です。「外部からファイルにアクセスできる機能」「Webサーバー」「FTPサーバー」「メディアサーバー」などの機能を有するモデルが多いのですが、これらは本書がテーマとする「閉じたネットワークによるセキュリティの確保」を考えた場合には不要かつ余計な機能になります。機能を無効にすればよいのですが、機能を無効にするには結局NASに搭載されている各機能を把握して設定しなければなりません。

　NASの設定自体はその扱いに慣れている者であれば可能なのですが、将来、NASを設定したネットワーク管理者が不意に休職・退職した場合には、**引き継がなければならない者にとって「設定コンソールにアクセスすることさえままならない」という、ブラックボックスになる可能性**も踏まえる必要があります。

　NASの本体トラブルにも注意が必要です。PCの場合には規格に沿ったパーツが採用されているため、例えばLANポートや電源ユニットが壊れた場合でも増設や交換は簡単ですが、NASのパーツ交換は容易ではなく該当パーツの取り寄せも時間がかかります（そもそもNASの場合にはトラブルパーツの特定が難しい）。ストレージを抜き出して他の本体で運用する場合なども、NASから抜き出したストレージはシステムやファイルフォーマットの関係で他メーカーのNASに差して運用することは不可能ですが（同一メーカーでもモデルが限られる場合もある）、PCであればストレージの移設は比較的容易です。

　このように必要とされる知識や中長期的な運用面のリスクと、ネットワーク管理者の退職・引き継ぎなどを考えても、**本書というマニュアルも存在してシンプルで理解しやすい「Windowsファイルサーバー」のほうが総合力で優れる**のです。

1-3 物理ネットワーク構築の基本

ネットワークの構図は「物理レベル」と「運用レベル」で異なることを知る

　ネットワーク構築においては「物理ネットワーク（ネットワーク機器の配置と配線）構築」と「サーバークライアントネットワーク」は構図を分けて考えます。

　これは**物理ネットワークにおいて中心となる機器は「ルーター」**なのに対して、**サーバークライアントネットワークにおいて中心となる機器は「サーバー」**になるからです。

　具体的な環境構築としては、まずルーターを中心とした物理配線やルーター設定、無線LAN設定などをきちんと確立してインフラを整えたうえで（本書第1～3章で解説）、サーバーを中心としたサーバークライアント運用を確立する（本書第4～7章で解説）という手順になります。

▶物理ネットワークの考え方

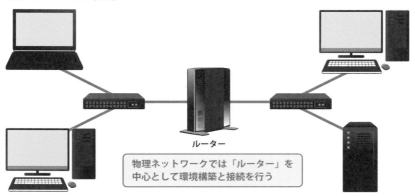

ルーター

物理ネットワークでは「ルーター」を
中心として環境構築と接続を行う

物理ネットワークでは「ルーター」を中心に考えて配線と設定を行う。物理ネットワーク構築を考える際には、枝先となるPCがサーバーかクライアントかなどは特に意識しなくてもよい。

▶サーバークライアントネットワークの考え方

サーバー

サーバークライアント運用では
「サーバー」を中心として環境
構築を行う

物理ネットワークでは枝先の１つでしかなかったサーバーだが、サーバークライアント運用におけるネットワークの中心は「サーバー」になり、サーバーを中心に環境設定を行う。

物理ネットワーク構築に必要な機材

　物理ネットワーク構築には以下のような機材が必要になります。各機材の特徴や注意点などを解説します。

ルーター（無線LANルーター）

　「ルーター」は、本来１つしかないインターネット回線を複数のPCで利用できるようにする装置で、「ハブ」の一種でもあります（P.24のコラム参照）。ハブとの違いはNAT（Network Address Translation）でワイドエリアネットワークとローカルエリアネットワークのアドレス変換を行えるほか、DHCP（Dynamic Host Configuration Protocol）で各PCにIPアドレスを割り当てる機能などを有します（P.51参照）。

　なお、本書のような小さな会社におけるルーターには「無線LANルーター」も存在しますが、無線LANルーターの「無線LAN親機機能」と「ルーター機能（NAT／DHCP）」は分けて考えます。

ハブ

「ハブ」は、それぞれのPCやサーバーのLANポートに接続しているLAN
ケーブルを集約して接続する装置です。「ルーター」もハブの一種であるた
め、物理ネットワークはハブを用いずルーターのみで環境構築も可能です。
しかし、小さな会社では「ハブ」の導入
を推奨します（P.26参照）。

LANケーブル

LANケーブルは、文字通りのLANのケー
ブルです。LANケーブルの規格に注意する
必要があるほか、長さも環境に合わせて最
適なものを選択します（P.31参照）。

Column　ハブとルーターの違い

　「ルーター」も「ハブ」の一種なのですが、ルーターにはハブにはない「1つしか
ないインターネット回線を複数のPCで同時に利用するためのNAT機能」と「各
PCにIPアドレスを割り当てるDHCP機能」が存在するという特徴があります。
　このように説明すると「ルーター」のほうが優れているように思えるかもしれ
ませんが、ネットワーク環境において「ルーター」は1台あればよく、むしろルー
ターが複数台存在するとトラブルが起こってしまいます。
　つまり、ルーターが既に存在する環境でLANポートを増やしたい場合（有線
LANネットワーク機器の接続を増やしたい）には「ハブ」を導入する必要がある
のです。
　なお、本書ではLANポートの過不足に限らず、「ハブ」を導入することを推奨
しています（1-4参照）。

1-4 物理ネットワークの構築と有線LAN環境の構築

有線LANを基本とすべきローカルエリアネットワーク

オフィス内などビジネス環境におけるローカルエリアネットワークの構築は、まず「有線LAN」を基本とします。

サーバー PC（ファイルサーバーとなるPC）は有線LAN接続が前提であるという理由のほか、無線LAN接続よりも有線LAN接続のほうが物理的に配線していることもあり、通信が安定しトラブルも少ないからです。

もちろん、ノートPCのローカルエリアネットワークへの参加において無線LAN接続を選択してもかまいませんが、無線LAN接続は「無線LAN親機の通信を取り合う（無線LAN機器が増えれば増えるほど親の取り合いになり通信が遅くなる）」ことを考えても、可能な限り有線LAN接続のPCを増やしたほうが無線LAN全体のパフォーマンスもよくなります。

なお、無線LANの導入と設定については第3章で解説します。

ローカルエリアネットワークとワイドエリアネットワーク

ネットワークは、目の前のネットワーク（オフィス内のネットワーク）である「ローカルエリアネットワーク（LAN：Local Area Network）」と、インターネット通信である「ワイドエリアネットワーク（WAN：Wide Area Network）」に大きく分けることができます。

一般的な環境ではこの2つを分けて考えなくても問題なく運用できますが、オフィス内という信頼性と安定性を重視しなければならないネットワークを踏まえた場合LANとWANを分けて考えたほうが動作の捉え方や環境

構築としてわかりやすく、また機能と構造を分けて理解しておくことで各種
環境設定やトラブル時の対処をスムーズに行えます。

　なお、このWANとLANの通信を仲立ちしてアドレス変換を行っている機
器が「ルーター」ですが、物理ネットワーク構築においては「ハブ（P.27参
照）」を利用することにより、WANとLANを切り分けて考えられるように
なります。

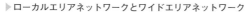
▶ローカルエリアネットワークとワイドエリアネットワーク

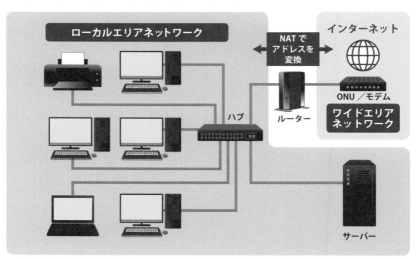

「ハブ」を活用した最適なネットワーク環境

　一般的なネットワークの構図は「ルーター」→「各PC（ネットワーク機
器）」という接続になりますが、ビジネス環境では「ルーター」→「ハブ」→
「各PC（ネットワーク機器）」という形でルーターとPCの間に「ハブ」を挟
むことを強く推奨します。

▶「ハブ」の利用がポイントになるビジネス環境

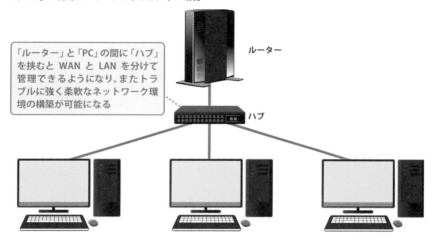

「ルーター」と「PC」の間に「ハブ」を挟むと WAN と LAN を分けて管理できるようになり、またトラブルに強く柔軟なネットワーク環境の構築が可能になる

ルーター

ハブ

「ハブ」のメリット - WANとLANの切り分けとルーターに依存しないネットワーク

「ハブ」を利用することにはさまざまなメリットがありますが、ビジネス環境において最もメリットがあるのが「ワイドエリアネットワーク（WAN：Wide Area Network）」と「ローカルエリアネットワーク（LAN：Local Area Network）」を物理的にも切り分けて考えられるようになり、またトラブルシュートが行いやすくなる点です。

「ルーター」は「ハブ」の機能も兼ねています。ゆえにルーターと各PCを直接接続してしまった場合、ルーターは「ローカルエリアネットワークを確立するための必須デバイス」となってしまい、ルーターのトラブルやルーター本体の置き換え時などではPC間の通信が行えなくなってしまいます。

一方、単体の「ハブ」を導入すれば、**ルーターに問題が起こったとしても「ハブ（同一ハブ）」に接続しているネットワーク機器同士の通信は継続できるため、問題なくサーバークライアント運用を継続できる**のです。

▶ ルーターと PC を直接接続すると……

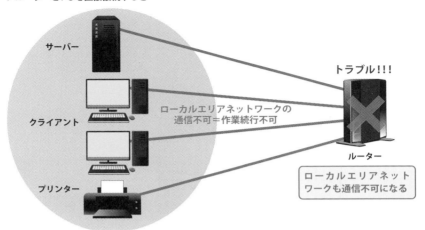

ルーターと PC を直接接続していると「ルーターのトラブル」「ルーターの置き換え」「ルーターの再起動」などの際にローカルエリアネットワークが通信不可になる。

▶ PC とハブを接続していると……

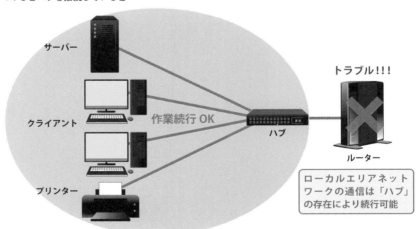

「ハブ」を挟んでおけば、ルーターに何が起ころうがローカルエリアネットワークの通信（正確には同一ハブに接続されたネットワーク機器間のネットワーク通信）は継続可能であり、ルーターのメンテナンスなども実行しやすくなる。

「ハブ」のメリット - 接続台数と配線の利便性

　無線LANルーターの背面に備えられるLANポートは3〜4ポートであることがほとんどです。つまり、有線LANで3〜4つまでのネットワーク機器しか接続できません。

　一方、ルーターに「ハブ」を接続すれば、**ハブのポート数に従って接続できるネットワーク機器を増やす**ことができます。また、ルーターとPCを直接接続する場合はPCの配置次第ではオフィス内のLANケーブルの配線が大変なことになりますが、**ハブを利用すればスマートな配線が可能**になります。

▶ルーターとPCを直接つないだ場合のLANケーブルの引き回し

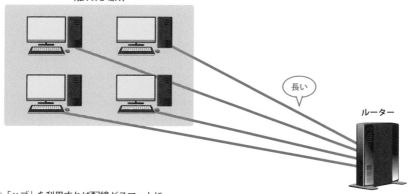

離れた場所

長い

ルーター

▶「ハブ」を利用すれば配線がスマートに

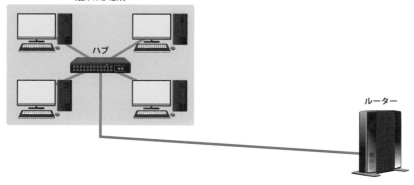

離れた場所

ハブ

ルーター

「ハブ」の規格と商品選択

　「ハブ」を購入する際には「ポート数」「転送速度」「電源」「ファンの有無」などに注意します。なお、ハブにおいて以前は「リピーターハブ（信号をすべてのネットワーク機器に送る）」と「スイッチングハブ（信号を適切なネットワーク機器のみに送る）」の2種類に大別され、商品選択において「スイッチングハブ」であることに注意しなければなりませんでしたが、現在販売されている商品はほぼ「スイッチングハブ」になります。

　LANポート数にもよりますが2,000円〜10,000円程度のものがターゲットになります。

ハブのLANポート数

　後に接続台数が増えるという可能性を想定して、必要と思われるLANポート数（つまり接続する機器数）を満たすものを選択します。なお、ビジネス環境では無線LAN接続にトラブルが起こった際や、オンライン会議などで安定性が求められる場合には「普段無線LAN接続しているPCも有線LANで接続する」という場面も想定できるため、ポート数は必要数より多いものを選択することを推奨します。

ハブの転送速度

　「100BASE-T(100Mbps)」「1000BASE-T(1000Mbps)」「2.5GBASE-T(2500Mbps)」などが存在しますが、一般的なデスクトップPCの背面やノートPCの側面に備えられたLANポートは「1000BASE-T」なので、「1000BASE-T(1000Mbps)」対応のモデルをチョイスします。

　なお、「2.5GBASE-T(2500Mbps)」対応PCやLANアダプターも最近増えてきましたが、小さな会社では「1000BASE-T」で十分です。通信データ量が多い環境や将来性を考える場合には、「2.5GBASE-T」モデルを検討するとよいでしょう。

▶スイッチングハブ

2.5Gマルチギガ対応5ポートスイッチエレコム製「EHC-Q05MA-HJB」。「2.5GBASE-T」「1000BASE-T」に対応しファンレスだ。

ハブの電源

ハブはモデルによって電源内蔵のものと、ACアダプターを利用するものがあります。コンセント周りをすっきりさせたい場合には電源内蔵モデルを選択しましょう。

ハブのファンの有無

ハブは24時間365日つけっぱなしで運用します。ハブの中には熱処理を行うために「ファン」を内蔵しているモデルがありますが、ファンを内蔵しているということは結果的にほこりを吸うことになるため長期利用していると異音発生の原因になります。環境や用途にもよりますが**可能であればハブは「ファンレスモデル」を選択**しましょう。

「LANケーブル」の規格と商品選択

ネットワーク機器（PC、プリンターなど）を有線LAN接続するためには、「LANケーブル」が必要です。

「LANケーブル」はその名のとおりLANのケーブルであり、電話線を太くしたような8芯のコネクターを持ちます。

LANケーブルの種類（規格）としてはカテゴリ3〜7がありますが、**後々問題にならないようにするためにも「カテゴリ5e」以上のLANケーブル**をオフィス内の物理ネットワークに利用しましょう。

ちなみに「カテゴリ5e」の「e」は「エンハンスド」のeで「2.5GBASE-T」や「1000BASE-T」に対応する規格です。現在販売されているLANケーブルはよほど古い在庫品でもない限りこの「カテゴリ5e」以上になります。

　カテゴリ5e以上のLANケーブルの価格は、長さにもよりますが300円〜1,500円程度になります。

▶LANケーブル

LANケーブルの長さ

　オフィスの配線においてLANケーブルの一番の悩みは「長さ」の調整になります。**後の配置移動やメンテナンスなどを考えると本来必要な距離より少し長めのものを用意するのが基本**です。

　現在市販されているLANケーブルは主に1、2、3、5、7、10mなどですが、実際の必要距離よりプラス2mほど余裕のある長さを目安にするとよいでしょう。

「ストレートケーブル」と「クロスケーブル」

　LANケーブルには「ストレートケーブル」と「クロスケーブル」があります。ストレートケーブルはハブとPC間で接続する通常のLANケーブルです。またクロスケーブルはハブとハブ、あるいはハブとルーターという同種のものを接続するために利用するLANケーブルです。

ちなみに現在のネットワーク機器は「AUTO-MDIX」という各接続の自動認識機能を有しているため、本来クロスケーブルで接続しなければならないとされる機器同士でも「ストレートケーブル」で代用できます。

つまり、**クロスケーブルを購入する理由は存在しないので「ストレートケーブル」を選択**します。

PCの有線LAN接続と物理的な配置

LANケーブルの配線をなるべくすっきりさせたい場合には、LANケーブルを集約する「ハブ」をネットワーク機器が多い場所に配置しましょう。

オフィスの形や各ネットワーク機器の配置、または電源位置にもよるので一概にこの場所がよいというものではありませんが、**床上の配線をできるだけすっきりさせるためにもPCのそばでかつ棚や机の裏側などにハブを隠す形で配置する**とよいでしょう。

ほとんどのハブは壁掛けにできる、鉄机の背面に接着できるなどの機能を持っていますので、この特性を利用して上手に配置します。

なお、ハブの配置に迷う場合には、例外的に遠い位置にあるネットワーク機器を除いた各ネットワーク機器の中心をターゲットに考えるとよいでしょう。

▶ネットワーク配線の基本

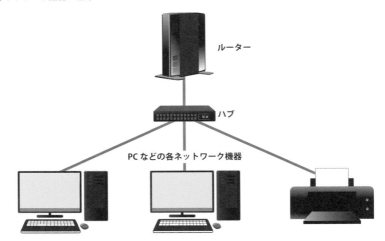

ルーター

ハブ

PC などの各ネットワーク機器

「ルーター」 − 「ハブ」 − 「PC」 という形でネットワークの物理配線を行う。なお、ビジネス環境において「ハブ」の利用が推奨される理由はP.26参照だ。

▶ハブの配置

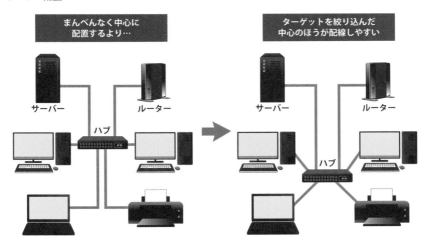

まんべんなく中心に
配置するより…

ターゲットを絞り込んだ
中心のほうが配線しやすい

サーバー

ルーター

ハブ

サーバー

ルーター

ハブ

ハブは中途半端な位置に置かず、ターゲットを絞り込んだネットワーク機器の中心に置く。これにより結果的に配線がしやすく、またLANケーブルの全長を短くできる。

▶机の背面にハブを配置した例

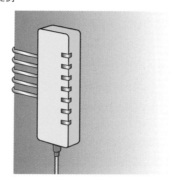

Column　ネットワーク通信の正常性確認

　LANケーブルとLANポート接続の正常性は「LINKランプ」で確認します。例えばハブとPCのLANポートにLANケーブルを接続した場合、接続が正常であれば「LINKランプ」が点灯します（双方とも電源が入っている必要があります）。
　逆に「LINKランプ」が点灯しない場合、接続不良が疑われるのでLANケーブルを接続しなおす、あるいはLANケーブルそのものを交換して再確認します。

▶LANポートのLINKランプ

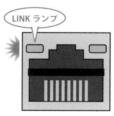

LINK ランプ

LAN ポート

「古いネットワーク機器」の排除を徹底

「安定性の高いネットワーク」「セキュアなネットワーク」「パフォーマンスの高いネットワーク」などに求められる絶対的な条件が**「ローカルエリアネットワークから古いネットワーク機器を排除する」**ことです。

具体的には、以下のネットワーク機器はビジネス環境では利用してはいけません。

古いハブ

現在販売されているハブはほぼ「スイッチングハブ」なので問題がありませんが、過去には「スイッチング機能のないハブ（通称ダムハブ）」が存在しました。

このダムハブは図のようにネットワーク通信を全LANポートに流してしまうという特徴があり、**ネットワーク全体にトラフィックが発生して通信パフォーマンスが顕著に悪くなります。**

よって、ダムハブであることが疑われる古いハブなどは、ローカルエリアネットワークに接続しないようにします。

現在ハブはポート数にもよりますが数千円で購入できるので、10年以上前に購入したハブなども劣化が疑われる場合には、新しいハブに交換してください。

▶ スイッチングハブとダムハブの違い

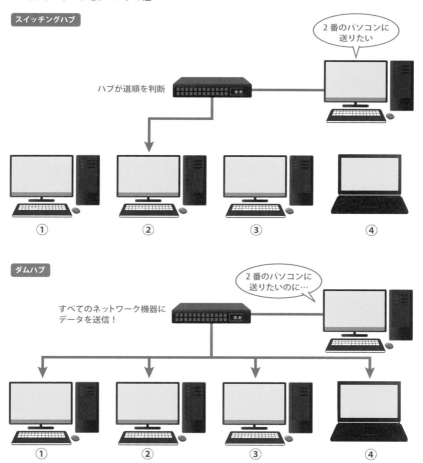

`スイッチングハブ`

2番のパソコンに送りたい

ハブが道順を判断

① ② ③ ④

`ダムハブ`

2番のパソコンに送りたいのに…

すべてのネットワーク機器にデータを送信！

① ② ③ ④

スイッチングハブが指定のネットワーク機器のみにデータを送るのに対し、ダムハブはすべての
ネットワーク機器にデータを送る。これはPCが増えれば増えるほど大きなトラフィックになるこ
とを意味する。現在は一般では入手することが難しい「ダムハブ」だが、過去に販売されたハブの
中にはこの仕様のものも存在するため要注意だ。

古いLANケーブル・破損しているLANケーブル

現在の有線LAN接続は「1000BASE-T」あるいは「2.5GBASE-T」になりますが、**LANケーブルにおいてこれらの通信を満たすにはカテゴリ5e以上（5e／6／7）であることが求められる**ため、この規格に満たないLANケーブルはローカルエリアネットワークで利用しないようにします。

また、コネクターやケーブルの破損が疑われるLANケーブルも潜在的なトラブルになりかねないため、新しいLANケーブルに交換してください。

セキュリティアップデートが行われないネットワーク機器（PC・ルーター）

セキュリティアップデートが行われていないネットワーク機器は、脆弱性などを突かれて悪意が実行される可能性があります。

具体的には、古いPC（Windows PCであればWindows 11／10を搭載しないPC）・古いNAS・古い無線LANルーターなどにおいて、OS更新やファームウェア更新が行われなくなったモデルはローカルエリアネットワークに接続してはいけません。

ビジネスに直接関係のないネットワーク機器

仕事をするうえで直接関係のないゲーム機・TV機器などもローカルエリアネットワークに含めないようにします。

なお、ゲストのPCや従業員のスマートフォンなどにインターネット接続を許したい場合には、無線LAN親機で「マルチSSIDによるネットワーク分離」を行いましょう（P.77参照）。

1-5 安定性や通信パフォーマンスを確保するための「有線LANアダプター」の増設

デスクトップPC背面のLANポート

デスクトップPCを物理ネットワークに接続する際、一般的には**「デスクトップPCの背面にあらかじめ備え付けられているLANポート」の利用で必要十分**です。

これは現在のデスクトップPCのLANポートは「1000BASE-T（ギガビットイーサネット、「GbE」などとも表記されます）」あるいは「2.5GBASE-T」対応のものが搭載されているため、通信速度は十分確保できるからです。

ただし、理論上は「LANポートの相性」は発生しないはずなのですが、実際にネットワーク通信が不安定なものや、ネットワーク越しに大容量ファイルをコピーするとエラーが発生するなどの問題があるLANポート（LANアダプター）も存在します。

このような場合には「LANケーブル」や「ハブ」に問題がないことを確認したうえで、それでも**通信が不安定な場合にはPCIe接続の「LANアダプター」を別途購入してPCに装着**します（次ページ参照）。

▶デスクトップPCのLANポート

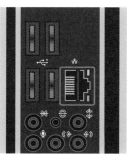

デスクトップPC背面に標準搭載されるLANポート。ネットワーク接続には基本的にこのLANポートを利用すればよいが、安定性に問題がある場合のみ別途「LANアダプター」を導入する。

LANアダプターの導入（デスクトップPC）

デスクトップPCにLANポート（LANアダプター）を増設したい場合には、基本的にUSB接続のものではなく、**デスクトップPC内部の拡張スロット「PCI Express（PCIe）」接続のLANアダプターを選択**します。

1000BASE-T対応のものは1,000円程度から、2.5GBASE-T対応のものは3,000円程度で購入できます。

▶LANアダプター

PCIe接続のLANアダプター。デスクトップPC標準のLANポートに問題や不満がある場合には、標準のLANポートに搭載されているチップセットとは「異なるチップセットを搭載するLANアダプター」をチョイスするとよい。

PCの電源ケーブルを抜く

PCIeスロットへのLANアダプター装着は、PCが通電していない状態で行う必要があります。

よってPCIe接続のLANアダプターを装着する際には、まずPCの電源を落としたうえで電源ケーブルも抜いて完全に通電しない環境にします。これはATX仕様の電源の場合、PC電源を切ってもPC本体（マザーボード）そのものは通電状態にあるからです。

PCのケースを開ける／ダミーブラケットを外す

ケースを開けて、適合するバスのダミーブラケット（バスのカバー）を外します。なお、ネジ止めされている場合は、ドライバーでネジを外してからダミーブラケットを外します。外したネジをなくさないように注意します。

▶ダミーブラケットの外し方

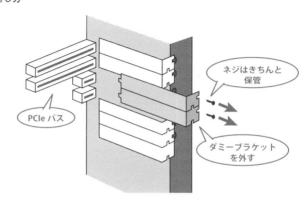

パソコン内部

ネジはきちんと
保管

PCIe バス

ダミーブラケット
を外す

LANアダプターを装着する

適合バスに対してLANアダプターを両手で押して、垂直（作業方向によっては水平）に力を加えて装着します。よほどの力で押し込まない限りLANアダプターは折れることはないので、しっかりと差し込むことに注力します。この後、ブラケット部をネジ止めすれば物理装着は完了です。後はLANアダプターのマニュアルに従ってデバイスドライバーのインストールなどのセットアップを行います。

▷ LANアダプターの装着方法

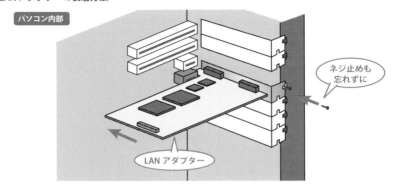

パソコン内部

ネジ止めも
忘れずに

LANアダプター

PC標準搭載のLANポートの機能を無効にする

　デスクトップPCにPCIe接続のLANアダプターを装着した場合、PCに標準搭載されているLANポート（オンボードLAN）は不要になります。

　LANポートはLANケーブルを接続しない限りネットワークに接続できないため、**そのままにしておいても特に問題は起こりませんがWindows 11／10上ではネットワークアダプターとして認識され続けます。**

　ネットワークアダプターが複数存在すると管理上の間違いを誘発しかねないという場合には、ハードウェア的に無効にするためにPC本体（マザーボード）のUEFI／BIOS設定で、オンボードLANを機能停止（無効）に設定します。

　なお、設定手順はPCによって異なりますので、詳しくはPCのマニュアルを参照してください。

▶UEFI ／ BIOS設定画面を表示する方法

UEFI ／ BIOS設定画面を表示するには、大概のPCでは起動時に Delete キー／ F2 キーなど決められたキーを押す（PCによって異なる）。なお、比較的新しいPCであれば［スタート］メニューから「電源」をクリックしたのち、 Shift を押しながら「再起動」をクリックして、「トラブルシューティング」－「詳細オプション」－「UEFIファームウェアの設定」でも表示可能だ。

▶オンボードLAN の機能を停止する方法

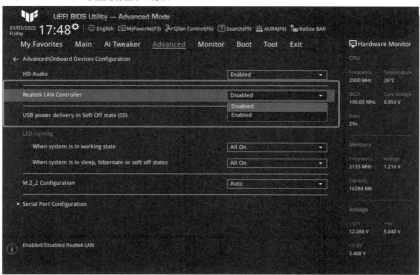

オンボードLANを機能停止にするには、UEFI ／ BIOS内の項目の中から「Onboard H/W LAN」「Onboard LAN」「[チップメーカー名] LAN Controller」などの設定を見つけて「Disabled」に設定する。なお、設定が不明な場合には無理に実行する必要はない。

ノートPCで有線LANポートを確保する

ノートPCで有線LANポートを確保したい場合には、USB接続のLANアダプターを導入します。

USBポートには一般的な「USB Type-A（端子が大きい角形）」と、コンパクトな「USB Type-C（端子が小さい平たい楕円）」が存在するので、適合するUSB接続のLANアダプターを確保します。

なお、**ノートPCにおいてUSBポートが足りなくなる恐れがある場合には、「USBハブ付きLANアダプター」を導入する**とよいでしょう。

▶USBハブ付きLANアダプター

エレコム製のUSB Type-A対応USB3.0ハブ付きLANアダプター「EDC-GUA3H2-B」（写真左）とUSB Type-C対応USB3.0ハブ付きLANアダプター「EDC-GUC3H2-B」（写真右）。1000BASE-Tの有線LANポートを確保できるほか、USBハブによりUSB接続の各種デバイスも活用できる。

Column USB接続LANアダプターのメリット

ビジネス環境であれば「USB接続LANアダプター」を必ず1つ以上確保しておくことをお勧めします。

これは**無線LAN接続に問題がでた場合、有線LANでネットワーク通信をすぐに再開できるというメリット**のほか、オンライン会議などで無線LANでは通信パフォーマンスを確保できない場面にも重宝するからです。

Chapter
1
Chapter
2
Chapter
3
Chapter
4
Chapter
5
Chapter
6
Chapter
7
Chapter
8
Appendix

Chapter 2

ルーターの役割と設定

2-1 ネットワークの基礎知識

ネットワーク知識が必要な理由

　現在のルーターやPCを含めたネットワーク機器は、ほとんどが設定を自動的に行います。

　一般的なホームユースのネットワーク管理であればこのような自動設定任せでもよく、ネットワークを理論から理解して運用しなくてもインターネット接続さえ確保できればよいでしょう。

　しかしビジネス環境の場合、ネットワークの機能と構造を理解しておかないと「サーバークライアント運用」が正常に行えないほか、将来的にトラブルが起こった際に理論的に問題対処を行えずに作業が進行できなくなってしまう恐れもあります。

　つまり、必要最低限のネットワークの構造は把握しておく必要があります。

　ネットワークの知識は深く切り込んでいくとかなり難しい話になるのですが、**本書の目的である「ローカルエリアネットワークの構築」であれば、「プライベートIPアドレス」と「MACアドレス」を知っておけば基礎知識としては十分**になります。

プライベートIPアドレス

　IPアドレスとは、簡単にいってしまえばネットワークの住所の番号です。

　IPアドレスは、「xxx.xxx.xxx.xxx」という4つの数字をピリオドで区切った形で表現され「xxx」には0 〜 255までの数値が利用できます。

　IPアドレスはネットワークの住所なので、PCやネットワーク機器には必

ず一意のIPアドレス（バッティングしない固有のIPアドレス）が割り当てられます。

▶IPアドレスはネットワークの「住所」

ワイドエリアネットワーク（WAN）では「グローバルIPアドレス」、**ローカルエリアネットワークでは「プライベートIPアドレス」が割り当てられます**が、小さな会社のLANにおいては「プライベートIPアドレス」に着目します。

プライベートIPアドレスは利用できる番号の範囲が決まっており、下表のIPアドレス範囲を利用します。

一般的なルーターであれば、各PCに「192.168.xxx.xxx」という番号を割り当てます（ルーターのDHCP機能でネットワーク機器にIPアドレスを割り当てる、P.51参照）。

▶プライベートIPアドレスの範囲

10.0.0.0 〜 10.255.255.255
172.16.0.0 〜 172.31.255.255
192.168.0.0 〜 192.168.255.255

Chapter
2
ルーターの役割と設定

▶オフィス内のIPアドレスの割り当て（例）

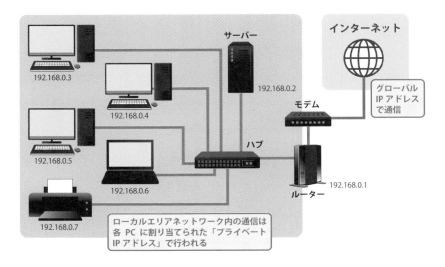

MACアドレス（物理アドレス）

　MACアドレスはネットワーク機器のアダプター（PCのLANポートや無線LAN子機）が持つ固有の番号のことで、「XX-XX-XX-XX-XX-XX」という形で示され、「XX」は00 〜 FFの数値（16進数）が割り当てられます。

　このMACアドレスはネットワーク機器ごとに世界にたった1つしかない固有の番号が割り当てられており、ネットワーク機器が相手の機器を認識（特定）する際に利用されるアドレスです（なお、最近のネットワーク機器はMACアドレスを書き換えることができるものもあるので、厳密には一意ではない）。

　また、物理ネットワークの中心となるルーターから見て、個々のネットワーク機器を把握するための番号になります。

　私たちは普段は特に「MACアドレス」を意識する必要はありません。しかし、MACアドレスを指定して無線LAN接続を制限する「MACアドレス

フィルタリング（P.80参照）」などでは、各アダプターの「MACアドレス」を把握したうえで、ルーターの設定コンソール上で指定する必要があります。

なお、MACアドレスは、Windowsのネットワーク情報では「物理アドレス」とも呼ばれます。

▶MACアドレス（物理アドレス）の確認

SSID:	HJSK5G
プロトコル:	Wi-Fi 6 (802.11ax)
セキュリティの種類:	WPA3-パーソナル
製造元:	Intel Corporation
説明:	Intel(R) Wi-Fi 6 AX201 160MHz
ドライバーのバージョン:	22.40.0.7
ネットワーク帯域:	5 GHz
ネットワークチャネル:	64
リンク速度 (送受信):	2402/2402 (Mbps)
リンク ローカル IPv6 アドレス:	fe80::1d91:9a48:7f04:b1cc%10
IPv4 アドレス:	192.168.10.13
IPv4 DNS サーバー:	
物理アドレス (MAC):	C8-E2-65-

「MAC アドレス」は「物理アドレス」とも表記される

「物理アドレス＝MACアドレス」である。ネットワーク用語としては一般的に「MACアドレス」と呼ばれることがほとんどなのだが、Windowsでは昔から「物理アドレス」と表記される。

2-2 ルーターの役割と配線

ルーターの機能と役割

　ルーターはハブの一種ですが、ハブと大きく異なるのは「NAT（Network Address Translation）」　と「DHCP（Dynamic Host Configuration Protocol）」という機能を有する点です。

　この2つの機能の意味を把握しておくことはネットワーク環境の構築と管理に非常に重要です。

ルーターの「NAT」機能

　インターネット上では「グローバルIPアドレス」が相手を特定するためのアドレスとして通信が行われます。また、ローカルエリアネットワーク（オフィス内）では「プライベートIPアドレス」が相手を特定するためのアドレスとして通信が行われます。

　このプライベートIPアドレスとグローバルIPアドレスとの間では直接通信できませんが、ネットワークアドレスを変換して相互アドレス間で通信を可能にするのが、ルーターに搭載される「NAT（Network Address Translation）」です。

　このNAT機能により「1つしかないインターネット回線」を「複数のPC」で同時に利用できるのです。

▶NATの機能

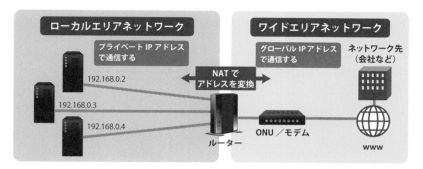

ルーターの「DHCP」機能

ネットワークにおいてローカルエリアネットワーク内の通信は、「プライ
ベートIPアドレス」で行われます。

ルーターを利用している場合、ルーターがネットワーク内の機器(＝PC)
に対して自動的にプライベートIPアドレスを割り当てるのですが、この**ネッ
トワーク機器にプライベートIPアドレスを割り当てる機能のことを「DHCP
(Dynamic Host Configuration Protocol)」**といいます。

ちなみにこのローカルエリアネットワーク内のプライベートIPアドレス
は、以下のようなアドレス割り当てになります。

[共通（固定）] . [共通（固定）] . [共通（固定）] . [固有番号]

私たちの利用するコンシューマー用のルーターの多くは、「192.168. [固
定番号] . [固有番号]」という形でプライベートIPアドレスを割り当てます
(この限りではないモデルも存在)。

例えば、ルーターのIPアドレスが「192.168.0.1」であった場合にはロー
カルエリアネットワーク内のネットワーク機器に対しては、「192.168.0. [固
有番号]」というアドレスが割り当てられ、ルーターのIPアドレスが

「192.168.3.1」であった場合にはローカルエリアネットワーク内のネットワーク機器に対しては、「192.168.3. [固有番号]」というアドレスが割り当てられます。

▶ルーターによる IP アドレスの割り当て

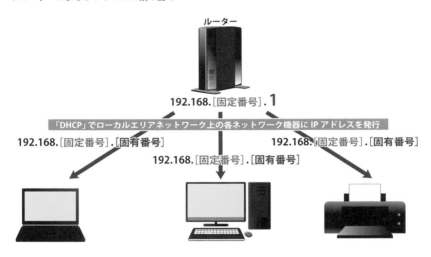

ネットワーク構築時における「ルーター」の大原則

　ローカルエリアネットワークにおいて「ルーター（ルーターの役割を持つデバイス）」は1台にするのが基本です。これは、複数のルーターが存在する場合、DHCP機能で割り当てられるプライベートIPアドレスの関係でサーバークライアントにおいて通信が行えないなどのトラブルが起こるからです。

　難しいのは、ネットワーク上に「ルーターという名前を持つデバイス」が複数存在する場合もあるということです。例えば、回線契約であらかじめルーター付き ONU ／モデムになっている状態に無線LANルーターを増設した場合などですが、この状況であっても「サーバークライアントから見たルーターは1台にする」のが基本になります。

▶物理ネットワーク上のルーター機能は「1つだけ」にする

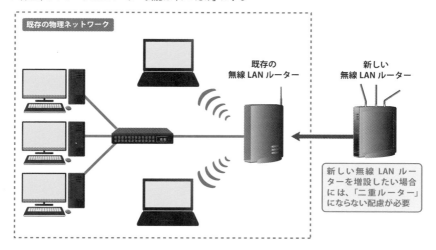

基本的なネットワーク環境において「ルーター機能（DHCP／NAT機能）」が2つ以上あるとトラブルになる。よって、既にルーターが存在するネットワーク環境に新たに無線LANルーターを導入する場合には、ルーター機能を無効にするなど一本化を行う必要がある（P.55参照）。

　また、**無線LANルーターを設定する際、「ルーター機能（DHCP／NAT機能）」と「無線LAN親機機能（無線LANアクセスポイントとして無線LAN接続を提供する機能）」は分けて考えます。**

　物理ネットワークの構築ステップとして最初に確立すべきは無線LANルーターの「ルーターとしての機能」なので、本章でルーターを中心としたネットワークをしっかりと整えます。

　こののち、無線LANルーターのルーター機能とは切り離して、「無線LAN親機機能」に着目して無線LAN環境を整えてください（第3章参照）。

ルーターの配線

　回線契約において「ONU（Optical Network Unit、光ネットワークユニット）」や「モデム」というルーター機能のない機器のみ提供される環境では、

自ら設置した「無線LANルーター」が「ルーター」になります。

　ルーターの背面にはWANポート（モデルによっては「インターネット接続端子」）とLANポートがありますが、WANポート（インターネット端子）にはワイドエリアネットワークであるインターネット回線（ONU／モデムからのLANケーブル）を接続します。

　また、ルーターのLANポートにはローカルエリアネットワークで利用するネットワーク機器（PCやネットワークプリンター）を接続しますが、「ハブ」を利用する場合には（本書はハブの利用を推奨、P.26参照）、ハブ（ハブからのLANケーブル）を接続します。

▶ルーター背面のWANポートとLANポート

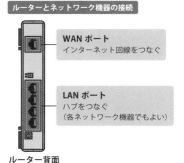

ローカルエリア内に複数のハブがある場合の接続

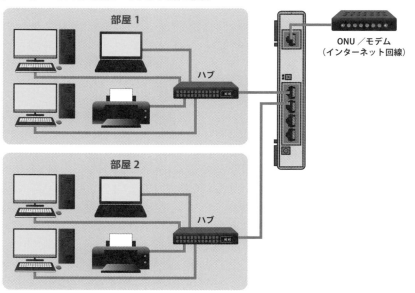

　なお、諸事情で「ルーターにルーターを接続しなければならない場合」には二重ルーターを解消する必要があります（次項参照）。

二重ルーターの解決方法

　回線契約においてルーター機能を備えた機器が供給されている場合、単純に「新規購入した無線LANルーター」を接続すると**「二重ルーター（1つのネットワーク上に2台以上のルーターとしての機能が存在する状況）」になってしまい、PC間で通信が行えない（サーバークライアントでファイルが共有できない）などの問題が発生する可能性があります。**

　ちなみにこのような二重ルーターの解決方法は無数に存在するのですが、比較的シンプルな解決方法としては以下の2つの手段が存在します。

増設する無線LANルーターをアクセスポイントモードにする

　増設する無線LANルーターを**「アクセスポイントモード」にして、「増設する無線LANルーターのルーター機能を無効」にしてしまえば、結果的にルーター機能は「既存のルーターのみ」になり問題を解決できます**（なお、ルーター機能の設定対象は「既存のルーター」になる点に注意）。

　現在販売されている無線LANルーターのほとんどは「ルーターモード（DHCP／NAT機能有効）」と「アクセスポイントモード」を切り替えるスイッチが用意されているので、このモードスイッチを利用するとよいでしょう。

　なお、ルーター背面の切り替えスイッチはメーカー／モデルによって「RT（ルーター）／AP（アクセスポイント）」「RT／BR（ブリッジ）／CNV（コンバータ）」「RT／AP／WB（ワイヤレスブリッジ）」などのバリエーションが存在するため、各スイッチの動作特性についてはマニュアルを参照してから設定適用してください。

▶ルーターの背面でアクセスポイントモードに切り替える

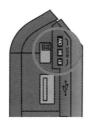

ルーターのメーカー／モデルによってスイッチの名称や役割は異なる。

増設する無線LANルーター配下にすべての機器を接続する

ローカルエリアネットワーク上にルーターが複数存在する場合、「ルーター機能が有効な既存のルーター A に接続したネットワーク機器」と「ルーター機能が有効な増設したルーター B に接続したネットワーク機器」との間では、割り当てられるプライベートIPアドレスの関係上通信が行えません。

このような場合、**無線LAN接続を含めたすべてのネットワーク機器を「ルーター B」に接続してしまえば、理論上は通信が可能になります**（ローカルエリアネットワーク上のPCから見て、あくまでも「ルーター B」がルーター機能の対象になるため）。

ただし、この接続方法ではワイドエリアネットワークとの接続はあくまでも「ルーター A」が担うため、外部接続を可能にするなどの応用設定が行えなくなるなどのいくつかの制限が発生します。

Column　あくまでも物理的に無線LANルーターを1台にする

難しいことを考えずにあくまでも**物理的に無線LANルーターを1台にしてシンプルに管理したい場合には、別途自身で無線LANルーターを購入せずに回線契約の「無線LANルーターオプション」を選択**するとよいでしょう。

この選択が無線LANルーターを管理するうえで最もシンプルな方法になります。ただし、自身で無線LANルーターを購入するよりもコストがかかってしまうことが多いほか、最新の無線LAN規格に対応していない場合もある点に注意が必要です。

2-3 ルーターの設定コンソールへのログオン

ルーター設定はメーカー/モデルによって異なることを知る

ネットワーク用語というのは全般的に統一されていないことが多く、同じ機能を示す用語であっても違う言葉で表現されていることがあります。

特に「ルーターの設定コンソール」におけるネットワーク用語の不統一はひどく、メーカー/モデルによって同じ項目名であっても違う機能を示したり、あるいは同様の機能であっても異なる項目名が割り当てられていたりします。

このようにルーターはメーカー/モデルによって機能に対する項目名が異なるため、各種設定を行う際にはマニュアルも併せて参照してください。

なお、現在販売されているルーターの多くは、Webでユーザーマニュアルを公開しています。

▶Web版のユーザーマニュアル

現在の製品のほとんどは簡易マニュアルのみ同梱し、詳細なマニュアルはWeb上で公開されている。特にルーターのメーカーを変更した場合、設定手順そのものが異なるので一度通読したほうがよい。

ルーター本体の設定をする前に知っておくべき「ルーターのリセット」方法

　ルーターは「ルーターの設定コンソール」で各種設定を行えますが、重要な役割を持つネットワーク機器であるがゆえに**設定を誤るとインターネットに接続できない、ネットワーク機器間の通信が行えないなどの致命的なトラブルが起こりえます。**

　また設定次第では「ルーターの設定コンソールにもアクセスできなくなってしまう」という、ネットワーク機器ならではの危険な特性もあります。

　ルーターには**ユーザーが行った各種設定を初期化するためのリセットボタンが本体に配備されているので、このボタンの位置や初期化方法をあらかじめマニュアルで確認**しておきましょう。

▶ルーターのリセットボタン

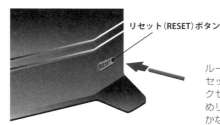

リセット（RESET）ボタン

ルーターには出荷時の設定に初期化するためのリセットボタンが配備されている。設定を間違えてアクセスできなくなった場合などに備えて、あらかじめリセットボタンの位置とリセット方法（何秒押しかなど）を確認しておく。

ルーターの設定手順

　ルーターは目的や環境によって設定すべき項目が異なります。

　設定を間違えるとトラブルのもとになるため、理論を理解したうえで必要最低限の設定を行うのが基本になります。

　また**ルーターを設定するためのステップは、モデルによって千差万別**です。モデルによっては単に該当設定項目を指定するだけで機能設定が有効になるものもあれば、「保存」をしないと有効にならないもの、あるいは「保存」したうえで「再起動」しないと機能設定が有効にならないモデルもあるため、

マニュアルであらかじめ設定手順を確認しておきましょう。

なお、無線LANルーターであれば、設定コンソールで無線LAN関連の設定を行うこともできますが、無線LANの設定や管理全般については第3章を参照してください。

▶ルーターを設定するためのステップ例

❶ルーターの設定コンソールにログオン
　↓
❷各種設定
　↓
❸設定保存による設定の有効化（モデルによる）
　↓
❹ルーター再起動による設定の有効化（モデルによる）

ルーターの設定コンソールへのログオン

ルーター本体の設定は、Webブラウザーを利用してアドレス指定のうえ「ルーターの設定コンソール」にログオンして行います。

ちなみに**指定すべきアドレスはメーカー／モデルによって異なりますのでマニュアルや本体添付のシールを参照**のうえ、「http:// ［セットアップ用のアドレス］」という形で入力したのち、ユーザー名とパスワードを入力してログオンします。

なお、ほとんどのルーターは設定コンソールにログオンするためのアドレス指定として、「IPv4デフォルトゲートウェイ」を代用することが可能です。

▶ルーターの設定コンソールへのさまざまなアクセス方法

| C ⌂ ⊕ http://aterm.me/ | C ⌂ ⊕ http://192.168.1.1 |

Webブラウザーのアドレス欄に、ルーターのマニュアルに指定されたアドレスを入力する。なお、ほとんどのルーターは「IPv4デフォルトゲートウェイ」指定でも、ルーターの設定コンソールにアクセスできる。

▶ルーターの設定コンソールのログイン画面

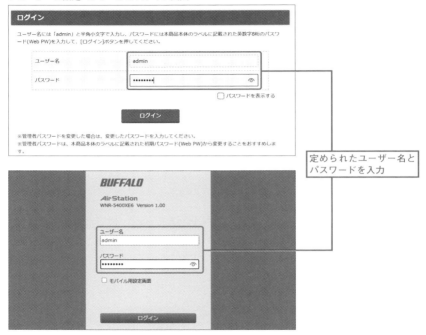

定められたユーザー名と
パスワードを入力

あらかじめ定められたユーザー名とパスワードを入力すれば、ルーターの設定コンソールにアクセスできる。

▶ルーターの設定コンソールのアクセス方法の確認

ルーターの設定コンソールのアクセス方法は、本体底面/側面、あるいは添付シールに記載されている（メーカー/モデルによる）。

▶デフォルトゲートウェイの確認

```
C:¥Windows¥system32¥cmd.e  ×   +  ∨                                              ─    □    ×

NetBIOS over TCP/IP . . . . . . . . . .: 有効

イーサネット アダプター 自回線1:

接続固有の DNS サフィックス . . . . .:
説明 . . . . . . . . . . . . . . . . .: Realtek PCIe 2.5GbE Family Controller
物理アドレス. . . . . . . . . . . . .: 88-C9-B3-
DHCP 有効 . . . . . . . . . . . . . .: はい
自動構成有効. . . . . . . . . . . . .: はい
IPv6 アドレス . . . . . . . . . . . .: 2408:211:5886:7200:5ac9:c4c4:6794:7459(優先)
一時 IPv6 アドレス. . . . . . . . . .: 2408:211:5886:7200:a580:181c:286:9465(優先)
リンクローカル IPv6 アドレス. . . . .: fe80::1d62:257a:cd0d:2122%9(優先)
IPv4 アドレス . . . . . . . . . . . .: 192.168.1.8(優先)
サブネット マスク . . . . . . . . . .: 255.255.255.0
リース取得. . . . . . . . . . . . . .: 2023年4月6日 20:11:11
リースの有効期限. . . . . . . . . . .: 2023年4月8日 16:03:48
デフォルト ゲートウェイ . . . . . . .: fe80::569b:49ff:fe4b:7bf8%9
                                        192.168.1.1
DHCP サーバー . . . . . . . . . . . .: 192.168.1.1
DHCPv6 IAID . . . . . . . . . . . . .: 529058227
DHCPv6 クライアント DUID. . . . . . .: 00-01-00-01-2B-A8-7B-BD-A0-36-BC-06-EB-4A
DNS サーバー. . . . . . . . . . . . .: 2408:211:5886:7200:569b:49ff:fe4b:7bf8
                                        192.168.1.1
NetBIOS over TCP/IP . . . . . . . . .: 有効
```

「コマンドによるネットワーク情報の確認（Windows 11は4-4参照、Windows 10は4-5参照）」でデフォルトゲートウェイを確認して、このアドレスでルーターの設定コンソールにアクセスする方法もある（一部のルーターを除く）。

2-4 ルーターの基本設定

ルーターのログオンパスワードの変更

　ルーターのログオンパスワードを初期設定（出荷状態）のままにすることは、非常に危険です。というのも、P.59での解説のとおりマニュアルに記載された手順や本体添付のシールを参照すれば、誰でもルーターの設定コンソールにアクセスできてしまうためです。

　ルーターの設定コンソールでは、ローカルエリアネットワークにおける各種定義を変更できるほか、外部回線から遠隔操作を行うための環境づくりなども可能です。

　よって、**ビジネス環境におけるルーターの設定コンソールへのアクセスは「ネットワーク管理者」のみが可能になるよう、「ルーターのログオンパスワード」の変更を必ず行います。**

　ルーターへのログオンパスワード（管理者パスワード）の変更は、設定コンソール内の「システム設定」「管理者パスワードの変更」などのメニューで実行できます（メーカー／モデルによる）。

▶ルーターのログオンパスワードの変更

管理者パスワードの変更	
管理者パスワードの変更	∧ 閉じる
現在のパスワード	
新しいパスワード	
新しいパスワード再入力	
	☐ パスワードを表示する

ルーターのログオンパスワードは、ネットワーク管理者以外がルーターの設定コンソールにアクセスできないようにするために必ず変更する。標準設定のままでは、ルーターのマニュアルを参照するだけで誰でも設定できてしまうため危険だ。

ルーターのファームウェアの更新

ルーターは「ファームウェアの更新」を行うことによって、通信の安定性向上やセキュリティ強化を行えます。

物理ネットワークの中心となってインターネット通信やローカルエリアネットワークを制御するのが「ルーター」であることを考えても、最新のファームウェアの確認は定期的に行いましょう。

ルーターのファームウェアの更新は、設定コンソール内の「ファームウェアアップデート」「ファームウェアの更新」などのメニューで実行できます。

基本的には「ファームウェア自動更新機能」「時刻指定バージョンアップ」などを設定して、ファームウェアが更新された際に夜中（業務時間外）に自動的にアップデートするように設定します（メーカー／モデルによる）。

▶ルーターのファームウェア自動更新機能

無線LANルーターのほとんどのモデルは設定コンソール上での「ファームウェアの自動更新」をサポートするが、一部のモデルではWebサイトで最新ファームウェアの存在を確認のうえ、ダウンロードしたファイルを指定して更新を行わなければならないものもある。

ルーター本体のIPアドレス／デフォルトゲートウェイの変更

　一般的なルーターでは「ルーター本体のIPアドレス」が「デフォルトゲートウェイ」になります（この限りではないモデルもある）。

　例えば、ルーター本体のIPアドレスが「192.168.1.1」であった場合にはデフォルトゲートウェイも「192.168.1.1」になり、ローカルエリアネットワーク内の各ネットワーク機器にはプライベートIPアドレスとして「192.168.1.x」が割り当てられることになります（DHCPサーバー機能、P.51参照）。

▶ルーター本体のIPアドレス（デフォルトゲートウェイ）の変更とは……

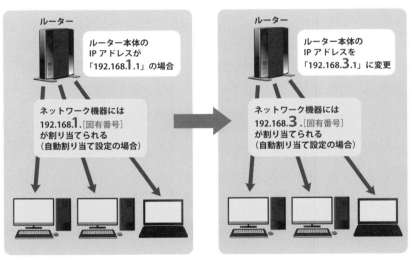

　ちなみに、**ルーター本体のIPアドレスは通常変更する必要ありません**が、「ネットワーク機器側でIPアドレス固定化を行っている」などの環境において、既存のルーターを新しいルーターに置き換える際には、ルーター本体のIPアドレスの変更が必要になる場合があります（既存のルーターと同じ設定にしたいなど）。

必然性がない限り設定変更は推奨されませんが、ルーター本体のIPアドレスを変更したい場合には、設定コンソール内の「LAN（IPアドレス設定）」「IPv4LAN側設定」などのメニューで行えます（メーカー／モデルによる）。

▶ルーター本体のIPアドレスの変更

IPアドレス／ネットマスク		∧閉じる
IPアドレス／ネットマスク(ビット指定)	192.168.1.1	24

ルーター本体のIPアドレスを変更。通常変更する必要はないが（必然性がない限り変更は行わないことを強く推奨）、以前のルーター環境を引き継ぐなどの場合には、意図的に変更する。

▶ルーター本体のIPアドレスとDHCP範囲設定の変更

IPアドレス：	192.168.1.1	DHCP範囲は「IPアドレス」に従って正しいものを設定する
サブネットマスク：	255.255.255.0	
DHCP範囲：	192.168.1.2 - 192.168.1.100	

ルーターのIPアドレス指定とともにDHCP範囲（割り当てIPアドレス）設定がある場合には、ルーター本体のIPアドレスの変更に従って、矛盾のない設定を行う必要がある（メーカー／モデルによる）。

ルーター設定のファイル保存

「現在のルーターの設定（ルーター設定）」をファイルに保存しておきたい場合には、設定コンソール内の「設定管理」「設定値の保存」「ファイルへ保存」などのメニューで実行できます（メーカー／モデルによる）。

正常な動作状態のルーター設定を保存しておけばトラブル時に設定復元を行って環境修復できるほか、ルーターの設定コンソールにアクセスできなくなってしまった場合でも、「ルーターのリセット（P.58参照）」→「設定復元」という手順で正常な状態を復元できます。

なお、ルーターの設定ファイルは基本固定ファイル名なので、後で参照し

た際も自身にとってわかりやすいフォルダーを「モデル名＋日時」などの名前で作成して、設定ファイルを仕分けておくとよいでしょう。

▶ ルーターの設定をファイルに保存する

「現在のルーターの設定」をファイルに保存。ルーターの設定コンソール上の設定状態を保存できるため、ルーター設定を誤った際などの修復に活用できる。

Column ルーターにおかしな設定はないかを確認

　ルーター設定コンソールにおいて、見覚えのない設定変更や機能の有効化がある場合には注意が必要です。

　本書では必要最低限の設定を解説していますが、「外部から接続許可する設定」「VPN ／ DDNS設定」などが、悪意あるものや前任者によって有効化されている場合、結果的に外部からのルーター設定の改編やネットワーク内の悪意が可能になってしまいます（本書の述べる「閉じたネットワーク」による安全性の確保ができない）。

　ルーター設定コンソールにおかしな設定が存在する場合には、ルーターをリセットして設定しなおすことが推奨されます。

Chapter
1
Chapter
2
Chapter
3
Chapter
4
Chapter
5
Chapter
6
Chapter
7
Chapter
8
Appendix

Chapter 3

無線 LAN の導入と設定

3-1 ビジネス環境での無線LAN管理

無線LANの規格と周波数帯を知る

　無線LANの通信規格はIEEE 802.11ax ／ IEEE 802.11acなど、「IEEE 802.11 ～」という比較的わかりにくい名称でしたが、2019年に新しい規格の呼び方が加えられ、**IEEE 802.11axのことを「Wi-Fi 6」、IEEE 802.11acのことを「Wi-Fi 5」**などと呼称するようになりました（次ページの表参照）。

　「2.4GHz帯」は遮蔽（しゃへい）物越しの通信に比較的強いという特徴があり、また無線LAN親機＆無線LAN子機（無線LAN搭載PC ／スマートフォン／タブレット）ともに2.4GHz帯はほぼ確実にサポートしているので、無線LAN通信は「2.4GHz帯」を利用するのが一般的です。

　ただし、2.4GHz帯はBluetooth ／コードレス電話機／電子レンジなどと電波干渉するほか、広く普及している無線LAN通信規格なので周辺の家屋／マンション／商店／ Wi-Fiスポットなどとも電波干渉するため、無線LANの通信パフォーマンスの低下が激しく利用に堪えないという環境も存在します。

　このような**「2.4GHz帯では周辺事情などの理由で電波干渉により無線LANの通信パフォーマンスが落ちる」という場面で活きるのが「5GHz帯」**であり、5GHz帯を利用することにより電波干渉を回避して安定した通信パフォーマンスを得ることができます（ただし2.4GHz帯に比べて遮蔽物に弱い）。

　なお、通信速度やサポートする暗号化モード（認証方式）などのセキュリティを踏まえた場合、「Wi-Fi 4」以降を利用するのが基本になります。

▶無線LANの通信規格

無線LAN規格	名称	周波数帯	通信速度
IEEE 802.11ax	Wi-Fi 6E	6GHz帯／5GHz帯／2.4GHz帯	9.6Gbps（ストリーム数による）
IEEE 802.11ax	Wi-Fi 6	5GHz帯／2.4GHz帯	9.6Gbps（ストリーム数による）
IEEE 802.11ac	Wi-Fi 5	5GHz帯	6.9Gbps（ストリーム数による）
IEEE 802.11n	Wi-Fi 4	5GHz帯／2.4GHz帯	600Mbps（ストリーム数による）
IEEE 802.11g	-	2.4GHz帯	54Mbps
IEEE 802.11a	-	5GHz帯	54Mbps
IEEE 802.11b	-	2.4GHz帯	11Mbps

Chapter 3
無線LANの導入と設定

「6GHz帯」の特徴

　「6GHz帯」は日本では2022年9月に技適の対象とされた新周波数帯で、利用台数（周辺環境の利用者）が増えて混雑してつながりにくいなどの問題が発生することもある5GHz帯／2.4GHz帯の問題を解決できる可能性がある周波数帯です。

　6GHz帯は電波干渉が起こりにくく帯域幅も広いため高速通信が可能というメリットの反面、5GHz帯よりもさらに遮蔽物に弱いので、無線LAN親機とPCが同一室内であることが理想になります。

　なお、6GHz帯における高速通信は「Wi-Fi 6E」による接続のみで、Wi-Fi 6Eに対応しているデバイスはごくわずかです（執筆時点）。

　Wi-Fi 6Eは6GHz帯／5GHz帯／2.4GHz帯に対応するため、Wi-Fi 6E対応であるに越したことはありませんが、「無線LAN親機もPCもWi-Fi 6E対応」でなければ6GHz帯を利用できないため、無理にWi-Fi 6E対応の環境づくりを行う必要はないでしょう。

▶Wi-Fi 6E対応ルーターの設定コンソール

無線LAN

SSID:
2.4GHz HJSK-XE24G
5GHz: HJSK-XE5G
6GHz: HJSK-XE6G

Wi-Fi 6E対応ルーターであれば、6GHz帯／5GHz帯／2.4GHz帯の通信が可能であり、PC（無線LAN子機）が6GHz帯対応であれば高速通信を行える。

無線LANルーターの商品選択

　ビジネス環境において新しい無線LANルーターを導入したいという場合には、**「セキュリティ」「安定性」「将来性（長く使える）」に着目して商品選択を行う**とよいでしょう。

　予算としては比較的アンテナ数が多く5GHz帯／2.4GHz帯の双方に対応する8,000円程度からのモデルか、Wi-Fi 6Eが利用でき6GHz帯／5GHz帯／2.4GHz帯に対応する20,000円程度からのモデルがよいでしょう。

6GHz帯／5GHz帯／2.4GHz帯対応で各周波数帯に4×4のアンテナ数を誇る12ストリーム対応のNEC製無線LANルーター「Aterm WX 11000T12」。WAN／LANともに10Gbpsポートを搭載しているため、有線LAN接続も高速に行える。

6GHz帯／5GHz帯／2.4GHz帯の３つの周波数帯に対応するバッファロー製無線LANルーター「WNR-5400XE6/2S」。メッシュWi-Fi（一般的な中継機とは異なり電波状況に合わせて自動最適化する機能）に対応し、最初から２台セットのペアリング済みモデルでもあるため、広いエリアで安定したWi-Fi接続を実現できる。

エレコム製無線LANルーター「WRC-XE5400GS-G」。6GHz帯／5GHz帯／2.4GHz帯対応で高速通信に対応するほか、セキュリティWi-Fi搭載で端末間通信をブロックすることも可能。「離れ家モード」を持ち、野外を挟んだルーター間通信を行うこともできる。

Column 無線LANルーターの買い替えの目安

　無線LANルーターにおいては、**ファームウェアアップデートが定期的に行わ**
れていることがセキュリティ対策の必須条件になります。

　無線LANルーターは明確なサポート期限が定められていないモデルも多いのですが、購入してから５年以上経過したものはメーカーに問い合わせて安全性を確認したうえで、必要であれば買い替えを検討します。

アクセスポイント設定の理解

　無線LAN親機は「2.4GHz帯」「5GHz帯」それぞれに独立したSSIDを設定でき、またサポートしている場合には「6GHz帯」にも独立したSSIDを設定できます。

　つまり、「2.4GHz帯」「5GHz帯」「6GHz帯（サポートしている場合）」にアクセスポイント設定にて、**それぞれに「SSID（アクセスポイント名）設定」「暗号化モード（認証方式）設定」「暗号化キー設定」の設定が必要**になります。

▶周波数帯ごとの設定

無線LAN

SSID:

2.4GHz	Buffalo-2G-85A0
5GHz:	Buffalo-5G-85A0
6GHz:	Buffalo-6G-85A0-WPA3

周波数帯ごとに「アクセスポイント設定」を行う。これが基本的な無線LAN親機としての設定だ。

Column　「バンドステアリング」の活用

　「バンドステアリング」をサポートしている無線LAN親機であれば、各周波数帯をまとめて1つのアクセスポイントとして運用でき、周波数帯は状況に応じて自動的に切り替えられます（対応周波数帯や詳細はメーカー／モデルによって異なる）。

　つまり「バンドステアリング」を利用したほうが設定も楽で、Wi-Fi接続も快適になるはずなのですが、環境によっては最適化されないことや安定しないこともあるため、周波数帯ごとにアクセスポイント設定をすることが推奨されます。

バンドステアリングを有効にすれば、「1つのアクセス
ポイント設定」だけで済む

バンドステアリングを有効にする　　　2.4GHz　　　5GHz　　　6GHz

2.4GHz：　　　　　　　　　　　● Wi-Fi（無線LAN）を有効にする

SSID：　　　　　　　　　　　　HJSKNET

※最大32文字

認証方式：　　　　　　　　　　　WPA Personal（推奨）　　　　　▲▼

バンドステアリングを有効にすると「1つのアクセスポイント名」で対応周
波数帯から最適なものに接続できる。しかし、PC（無線LAN子機）との相
性で最適化されないこともあるので、環境にもよるが周波数帯ごとにアク
セスポイント設定をすることを推奨する。

無線LAN親機でのアクセスポイント設定

　最近の無線LAN親機にはさまざまな機能が内包されており、また**メーカー
／モデルによって設定方法も異なる**ため、無線LAN親機におけるアクセス
ポイント設定は複雑に見えます。

　しかし、設定として着目しなければならないのは「周波数帯の選択」と周
波数帯ごとの「SSIDの設定」「暗号化モード（認証方式）の設定」「暗号化
キーの設定」のみなので、この順序で各種設定を行えばアクセスポイント設
定は完了です。

周波数帯の選択

❶設定を行う周波数帯を選択します。すべての周波数帯を使うのであれば各
周波数帯で「SSIDの設定」「暗号化モード（認証方式）の設定」「暗号化キー
の設定」を設定します。

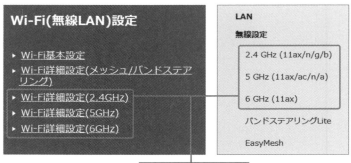

設定する周波数帯を選択

SSIDの設定

❷ SSID（Service Set Identifier）とは、無線LANにおける「アクセスポイント名」です。メーカーによって選択方法や表記は異なりますが、メインのSSID（プライマリSSID）を有効にしたうえでアクセスポイント名の設定をします。

暗号化モード（認証方式）の選択

❸暗号化モード（認証方式）は「WPA」「WPA2」「WPA3」、あるいは双方
に対応する「WPAx/WPAx（WPAx/WPAx-mixed）」などが存在します。PC
（無線LAN子機）が接続できる仕様に合わせて選択します。なお、メーカー
／モデルによっては「AES」「TKIP」が選択できますが、セキュリティに優
れる「AES」を選択します。

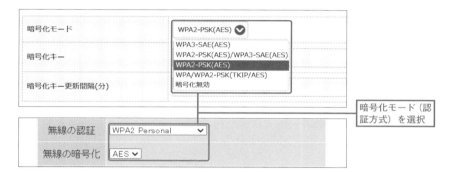

暗号化キーの設定

❹暗号化キーとは、要は無線LAN子機が親機にアクセスする際に要求され
るセキュリティキーのことです。暗号化キーは8〜64文字の半角英数字で
指定しますが、単純な数字のみの羅列では破られる可能性があるため、英数
字を交ぜたうえで11文字以上にすることを推奨します。

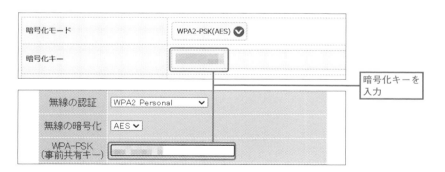

　以前の無線LAN親機におけるデフォルト（標準）のアクセスポイント設定は、単純な暗号化キーやさまざまな機器で通信可能にするために暗号化モード（認証方式）のセキュリティが低く設定されていましたが、現在の無線LAN親機の多くはデフォルト設定でも複雑な暗号化キーやセキュアな暗号化モード（認証方式）が設定されているモデルがほとんどです。

　つまり、セキュリティとしてはデフォルトの設定でも問題はないのですが、無線LAN親機の背面や添付シールにSSIDや暗号化キーが記載されていることを考えると、不特定なユーザーにアクセス許可したくないビジネス環境では、やはりデフォルトのままではなく、各アクセスポイント設定が推奨されます。

Wi-Fi簡単設定機能（無線LAN親機のボタン）の無効化

　Wi-Fi簡単設定機能（無線LAN親機のボタンでWi-Fi接続が可能になる機能）は、ビジネス環境では必ず無効にします。

　これは、ボタン1つでWi-Fiに接続できる状態は、誰でも簡単にローカルエリアネットワークに侵入できてしまうことを意味するからです。

　この機能はメーカー／モデルによって「WPS」「AOSS」「らくらく無線」など名称が異なりますが、無効にしてセキュリティを確保します。

▶Wi-Fi簡単設定機能の無効化設定

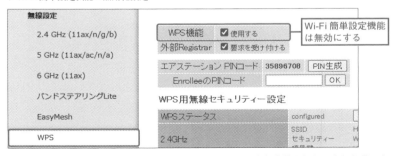

Wi-Fi接続を許すことはローカルエリアネットワークへの参加を許可したことになる。よって、ボタン1つでWi-Fi接続が可能になる該当機能は必ず無効化する。なお、該当機能の無効化設定ができないモデルも残念ながら存在する。

「マルチSSIDによるネットワーク分離」によるセキュリティの確保

「マルチSSID」とは、本来1つの周波数帯に1つだけあればよいSSID（アクセスポイント名）を複数化できる機能です。ちなみにこの「複数化」状態の名称はメーカー／モデルによって異なり「プライマリSSID」「セカンダリSSID」と呼称するものもあれば単に「SSID 1」「SSID 2」などと表記されるものもあります。

さて、ではなぜ同一周波数帯においてわざわざ「プライマリSSID」と「セカンダリSSID」などと複数に分けるのかといえば、それは**プライマリSSIDでは「ローカルエリアネットワーク上のネットワーク機器と共有可能**（本書でいえば「サーバークライアント運用」のための接続）、**セカンダリSSIDは「ローカルエリアネットワーク上のネットワーク機器と共有不可**（ゲストに開放する無線LANアクセスポイント、インターネット接続のみ可能）」とすることで、ネットワークを分離してセキュアに無線LANを運用するためなのです。

なお、このマルチSSIDによるネットワーク分離はメーカー／モデルによって設定方法が大きく異なりますが、設定手順としてはゲスト用である「セカンダリSSID（SSID 2）」を有効化して、「ネットワーク分離」「隔離機能」などのネットワーク分離機能（ローカルエリアネットワークアクセス不能）設定を有効にします。こののち、セカンダリSSIDに対して「SSID（アクセスポイント名）」「暗号化モード（認証方式）」「暗号化キー」のそれぞれを設定します。

Chapter
3
無線LANの導入と設定

▶ネットワーク分離によるセキュリティの確保

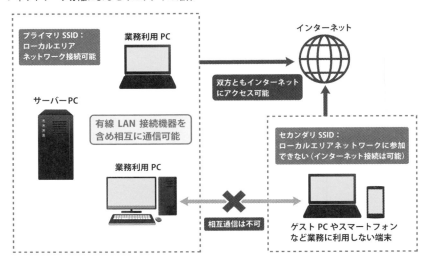

▶セカンダリSSIDを選択してネットワーク分離を設定するモデル

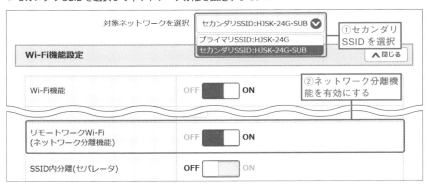

このモデルでは、セカンダリSSIDを有効化したうえで「ネットワーク分離機能」をオンにすることで、プライマリSSIDとネットワークを分離できる。画面ではセカンダリSSIDで「ネットワーク分離機能」をオンにしているため、該当接続において他のローカルエリアネットワーク上の機器にはアクセスできないがインターネット接続可能ということになる。

▶SSIDごとにネットワーク分離を設定するモデル

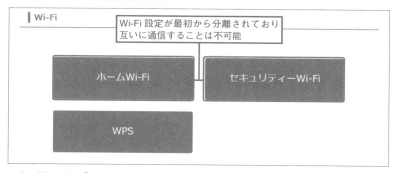

このモデルでは、任意のSSID xに「隔離機能（ネットワーク分離）」を設定できる。画面ではSSID 2で「隔離機能」を有効にしているため、SSID 2で接続した場合、他のローカルエリアネットワーク上の機器にはアクセスできないがインターネット接続可能ということになる。

▶区分間でネットワーク分離されたモデル

このモデルでは、「ホームWi-Fi」と「セキュリティー Wi-Fi」という形で区分されており、区分間では接続できないという形で「ネットワーク分離」を実現している。

「MACアドレスフィルタリング」によるアクセス制限

　「MACアドレスフィルタリング」とはネットワーク機器（PC／スマートフォンなど）の「MACアドレス」をルーターの設定コンソール上に登録することにより、登録したネットワーク機器以外のアクセスを許可しないというセキュリティ機能です。

　これは無線LANアクセスポイントの暗号化キーが破られたり漏えいしたりしても、許可していないネットワーク機器は接続できないので、結果的に未知のネットワーク機器からの不正アクセスを防げるというセキュアな管理が実現できます。

　私たちが利用するコンシューマーレベルの無線LANルーターにおいてMACアドレスフィルタリングの対象は、一般的に「無線LAN接続のネットワーク機器」になります（メーカー／モデルによる）。

なお、**設定が難しい、あるいは管理が煩雑と考える場合には、MACアド**
レスフィルタリングを無理に設定する必要はありません。

▶「MACアドレスフィルタリング」による不正アクセスの遮断

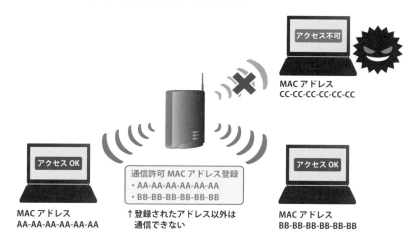

MACアドレスフィルタリングの準備

　無線LAN子機（無線LANのネットワークアダプター）には固有番号であ
る「MACアドレス」が登録されており、MACアドレスは「XX-XX-XX-XX-
XX-XX」という形で示されます（P.48参照）。

　MACアドレスフィルタリングを実現するには、この「ネットワークアダ
プターのMACアドレス」をルーターの設定コンソール上で登録する必要が
あるため、まずは無線LAN接続を許可するすべてのネットワーク機器の
MACアドレスを調べて一覧化しておきます。

　なお、単にMACアドレスのみを一覧化すると、後の運用管理（接続許可
したPCを後に無効にしたいなど）において破たんしかねないため、Excelな
どで「PCの型番」「PCの利用者」「MACアドレス」「現在の接続の可否」な
どを一覧化して管理しておくことをお勧めします。

▶ PCの無線LANネットワークアダプターのMACアドレスを確認

名前:	Wi-Fi
説明:	Intel(R) Wi-Fi 6E AX211 160MHz
物理アドレス (MAC):	44:e5:17:
状態:	使用不可

無線LANルーターにおけるMACアドレスフィルタリングは一般的に「無線LANネットワークア
ダプター」が対象であるため、ネットワーク機器における「無線LANのネットワークアダプターの
MACアドレス」を確認する。

▶ MACアドレスの確認方法

Windows 11	4-4参照
Windows 10	4-5参照

接続許可するMACアドレスの登録

無線LANルーターで無線LAN接続を許可するMACアドレスを登録しま
す。

　MACアドレスの登録は、設定コンソール内の「MACアドレスエントリ」
「MACアドレスフィルタリングエントリ」「MACアクセス制限」「アクセス
コントロール」などのメニューで行えます（メーカー／モデルによる）。

▶ MACアドレスの登録

5 GHz (11ax/ac/n/a)	登録リストの新規追加
6 GHz (11ax)	登録するMACアドレス 08080
バンドステアリングLite	
EasyMesh	新規追加
WPS	登録リスト
AOSS	MACアドレス　操作
MACアクセス制限	08:08:08　修正　削除
	08:08:08　修正　削除

MACアドレスフィルタリング エントリ一覧

接続を許可するMACアドレスエントリ ?		1～10 | 11～20 | 21～30 | 31～32
MACアドレス ?		**削除** ?
00:eb:2d:		削除
60:21:c0:		削除
		1～10 | 11～20 | 21～30 | 31～32

追加

ルーターの設定コンソールで接続許可するMACアドレスを登録する。登録方法はメーカー／モデルによって大きく異なる。

MACアドレスフィルタリングの有効化対象の指定

接続許可するMACアドレスの登録を終えたら、MACアドレスフィルタリングの有効化を行います。MACアドレスフィルタリングの有効化における「有効化対象」はメーカー／モデルによって異なり、単なる有効化ですべてのSSIDに対してMACアドレスフィルタリングを有効にするものもあれば、周波数帯／SSIDごとにMACアドレスフィルタリングの有効／無効を設定できるものもあります。

▶MACアドレスフィルタリングの有効化（周波数帯ごと）

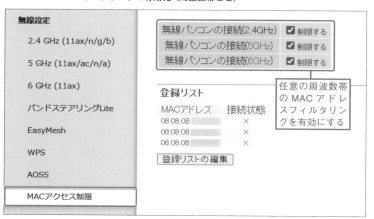

MACアドレスフィルタリングの有効化。このモデルでは「周波数帯ごと」にMACアドレスフィルタリングの有効化対象を設定できる。

▶MACアドレスフィルタリングの有効化（SSIDごと）

Wi-Fi詳細設定(2.4GHz)

❶ ご注意ください
設定変更は即時に有効となります。Wi-Fi経由で設定を行っている場合には、[設定]ボタンをクリックしたあと、変更が有効になり、Wi-Fi接続が切断される場合があります。

また、[保存]ボタンをクリックするまでは設定内容が保存されませんので、WWWブラウザを一度終了し、再度Wi-Fi接続を行い、[保存]ボタンをクリックして設定内容の保存を行ってください。

対象ネットワークを選択 [?] | オーナーSSID:GG_HJSK24 ▼ | [選択]

① SSID を選択   [高度な設定を表示]

| Wi-Fi機能設定 [?]

Wi-Fi機能 [?]   ☑ 使用する

ネットワーク名(SSID) [?] | GG_HJSK24 |

WPA暗号化キー(PSK) [?] | ▉▉ |

暗号化キー更新間隔(分) [?] | 30 |

| 子機の接続制限 [?]

ESS-IDステルス機能(SSIDの隠蔽) [?]   ☐ 使用する

MACアドレスフィルタリング機能 [?]   ☑ 使用する   ② 設定対象 SSID の
                                              MAC アドレスフィル
                                              タリングを有効にする

                                                        [設定]

MACアドレスフィルタリングの有効化。このモデルでは「SSIDごと」にMACアドレスフィルタリングの有効／無効を設定できる。

Column MACアドレスフィルタリング有効化後の運用における注意点

MACアドレスフィルタリングは「登録したMACアドレスのみ接続許可する」機能です。

逆から解説すると「登録していないMACアドレス（無線LANのネットワークアダプター）は、無線LAN親機にアクセスできない」ということになります。

このセキュリティ構造はMACアドレスフィルタリングを適用する際は理解できているのですが、数か月後～数年後に新しいPCを導入した際などに設定の存在を忘れてしまうと「新しいPCが無線LAN親機にアクセスできない！」などと混乱してしまいます。

このような将来のトラブルを回避するためにも、無線LANルーター本体に「MACアドレスフィルタリング：有効中」などと記述した付箋を貼っておくなどの工夫を行っておくとよいでしょう。

3-3 PCから無線LAN親機への接続設定

無線LANアクセスポイントに接続する

PCにおける無線LANアクセスポイントへの接続設定は右表に従います。

▶無線LANアクセスポイントへのWi-Fi接続設定

Windows 11	P.86参照
Windows 10	P.88参照

なお、安定性や通信パフォーマンスを得るには下記の点にも注意します。

「2.4GHz帯」「5GHz帯」「6GHz帯」の選択

無線LAN接続は、該当PCがサポートする周波数帯を利用して対象アクセスポイントに接続します。例えば、PCの内蔵無線LAN子機が、2.4GHz帯／5GHz帯の双方を利用できる環境であれば、電波干渉を避けて快適に通信するためにも「5GHz帯」のアクセスポイント名を指定して無線LAN接続を行います（無線LAN親機との間に遮蔽物が少ない場合）。

なお、パフォーマンスに優れる「6GHz帯」は、現状サポートするPCは限られます。

▶Wi-Fi 6Eに対応するVAIO SX12

Wi-Fi 6E（6GHz帯）に対応する軽量モバイルPC「VAIO SX12（VJS1258）」。コンパクトながら有線LAN／HDMI／USB Type-A／USB Type-C端子を内蔵し、生体認証にも対応するなどビジネスにもってこいのPCだ（一部の機能は購入時の構成選択による）。

無線LAN親機と無線LAN子機の距離

　安定性と通信パフォーマンスを踏まえると、無線LAN親機と無線LAN子機の距離はなるべく近いことのほか遮蔽物が少ないことが理想になります（特に5GHz帯／6GHz帯）。

　無線LAN接続通信環境が安定しない場合には、**遮蔽物がなく金属が周囲にないなど、なるべく無線LAN親機（ルーター）の通信が影響を受けない場所に設置**しましょう。

　なお、一般的に5GHz帯／6GHz帯は通信の高速性に優れますが、遮蔽物がある場合には2.4GHz帯を選択したほうが通信が安定することもあります。

Windows 11での無線LAN接続

　Windows 11での無線LAN接続（Wi-Fi設定）は以下の手順に従います。

❶通知領域の「ネットワーク」アイコンをクリックします。

❷クイックアクセスのWi-Fiの「>」をクリックします。

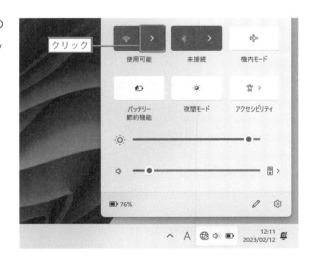

❸接続したいアクセスポイント名（SSID）をクリックします。

❹「自動的に接続」をチェックして、「接続」をクリックします。

❺セキュリティキー（暗号化キー）を入力して、「次へ」をクリックします。

❻ネットワークへの接続が完了します。正常にWi-Fi接続が完了すれば、「接続済み」と表示されます。

Windows 10での無線LAN接続

Windows 10での無線LAN接続（Wi-Fi設定）は以下の手順に従います。

❶通知領域の「ネットワーク」アイコンをクリックします。

❷接続したいアクセスポイント名（SSID）をクリックします。

❸「自動的に接続」を
チェックして、「接続」
をクリックします。

❹ セキュリティキー
（暗号化キー）を入力
して、「次へ」をクリッ
クします。

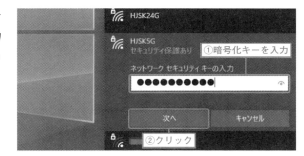

❺「このネットワーク上のほかのPCやデバイスが、このPCを検出できる
ようにしますか？」が表示されたら（表示されない場合もあります）、共有
の有効／無効を設定します。単なるクライアントとして活用する場合には

「いいえ」をクリックし
ます。該当PCをネッ
トワーク上に公開する
（該当PCをホストとし
たファイル共有やリ
モートデスクトップを
許可する）場合のみ
「はい」をクリックしま
す。

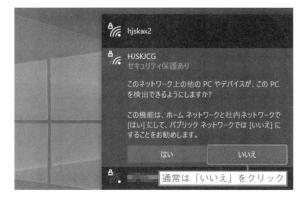

❻ネットワークへの接
続が完了します。正常
にWi-Fi接続が完了す
れば、「接続済み」と
表示されます。

Chapter
1

Chapter
2

Chapter
3

Chapter
4

Chapter
5

Chapter
6

Chapter
7

Chapter
8

Appendix

Chapter 4

サーバー／クライアント
での共通設定

4-1 すべてのPCで適用すべき4つの設定

設定コンソールへのアクセスと設定手順の確認

　サーバークライアントにおけるセキュリティの確保や利便性を高めるためには、ネットワーク内のすべてのPC（サーバー／クライアント）に対して、いくつかの設定をあらかじめ適用しておく必要があります。

　なお、設定を適用するうえで設定コンソールにアクセスする必要がありますが、**Windows 11とWindows 10はともに「 ⚙ 設定」と「コントロールパネル」という2つの設定コンソールが存在**します。

　多くの設定操作は「 ⚙ 設定」で完結できますが、一部の設定操作は以前から存在する「コントロールパネル」のほうが素早いため、双方のアクセス手順を知っておく必要があります。

▶設定コンソールへのアクセス

Windows 11	P.96参照
Windows 10	P.104参照

Column 設定を行う前に知っておくべき「用語の揺れ」

　Windowsは30年以上の歴史あるOSです。この中で数々の用語が「改称」されており、特にネットワーク用語は「以前と異なる単語」が随所で利用されています。

　実際にWindows 11 ／ 10では、「コンピューター名」のことを「デバイス名」と表記したり「PC名」と表記したりしており、設定場所によって同じ意味であるにもかかわらず表記が揺れているのが現状です。

　ネットワーク設定は、この「用語の揺れ」に注意して設定を行う必要があります。

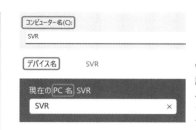

Windows 11／10という同じOS内でも用
語が揺れている一例。「コンピューター名」「デ
バイス名」「PC名」は実はすべて同じであり、
このように設定場所によって用語が揺れてい
る。

必要な設定と確認① PCのシステムとWindowsの確認

自分のPCのシステムや、Windowsのバージョン／エディションを確認し
ておくことは、ネットワーク作業において重要です。特にWindowsのバー
ジョンはサポート期間内のものを利用しないとセキュリティを確保できませ
ん（P.244参照）。また、エディションは一部のネットワーク確認や設定時に
影響します。

▶PCのシステムとWindowsの確認

| Windows 11 | P.100参照 |
| Windows 10 | P.108参照 |

必要な設定と確認② ファイルの拡張子の表示

ビジネス環境では取引上でさまざまなデータファイルを受け取りますが、
偽装されたファイルや悪意を含むプログラムを開くことは、マルウェア感染
の危険性があります。

このような偽装ファイルやマルウェアを見抜くための1つの手段が「ファ
イルの拡張子を表示しておく（拡張子でファイルの種類を確認する）」こと
なので、必ず拡張子を表示する設定にします。

▶ファイルの拡張子を表示する

Windows 11	P.102参照
Windows 10	P.109参照

必要な設定と確認③　Windowsのネットワーク設定や状況を確認する

　ネットワーク環境構築やネットワーク運用の際に、各PCのネットワーク情報を把握しなければならない場面があります（「MACアドレスフィルタリング（P.80参照）」における「MACアドレス」など）。

　主なネットワーク情報の確認方法には、「⚙設定」「ハードウェアと接続のプロパティ」「コマンド」の3つがありますが、それぞれ一長一短があるため、場面に応じて使い分けましょう。

▶ネットワーク設定や状況の確認

Windows 11	「⚙設定」によるネットワーク情報の確認	P.111参照
	「ハードウェアと接続のプロパティ」によるネットワーク情報の確認	P.113参照
	コマンドによるネットワーク情報の確認	P.115参照
Windows 10	「⚙設定」によるネットワーク情報の確認	P.117参照
	「ハードウェアと接続のプロパティ」によるネットワーク情報の確認	P.119参照
	コマンドによるネットワーク情報の確認	P.121参照

Column　ネットワーク情報の確認方法の使い分け

　Windowsにはさまざまなネットワーク情報の確認方法がありますが、以下のように場面ごとに使い分けましょう。

― 現在接続済みのネットワーク情報の確認

　現在既に有線LAN／Wi-Fiに接続しているネットワークアダプター（ネットワークを確立しているアダプター）のネットワーク情報を確認したい場合には、『「⚙設定」によるネットワーク情報の確認』（P.111、P.117参照）を行います。

— 任意のアダプターのネットワーク情報の確認

　PCには複数のネットワークアダプターが搭載されていることがありますが、接続済みではないアダプターを含めて各ネットワーク情報を確認したい場合には、『「ハードウェアと接続のプロパティ」によるネットワーク情報の確認』（P.113、P.119参照）を行います。

— ネットワークすべての情報の確認

　Windowsのバージョンに依存せずに、同じ手順ですべてのネットワークアダプターの情報を確認したい場合には、「コマンドによるネットワーク情報の確認」（P.115、P.121参照）を行います。

必要な設定と確認④　セキュリティ対策

　各PCが悪意に侵されないように、必ずセキュリティ対策を行う必要があります。

　セキュリティについては第8章で解説しますが、ビジネス環境では「なぜPCがマルウェアに侵されるのか」などを把握したうえで、マルウェア対策機能（アンチウイルスソフト）任せの対策だけではなく、普段のオペレーティングにも気をつける必要があります。

4-2 Windows 11 PCの共通設定と操作(サーバー/クライアント共通)

「⚙設定」へのアクセス

Windows 11では「⚙設定」で各種設定を行うのが基本です。

「⚙設定」へアクセスしたい場合には、以下の手順に従います。

なお、本書では記述上単なる［設定］ではわかりにくいため、Windows 11の設定コンソールである［設定］は、「⚙設定」と表記します。

❶［スタート］メニューから「⚙設定」を選択します。あるいはショートカットキー ⊞ + I キーを入力します。

❷「 ❂ 設定」が表示されます。

▶「 ❂ 設定」のショートカット起動

　　 ⊞ ＋ □ キー

「コントロールパネル」へのアクセス

　Windows 11でコントロールパネルをアイコン表示にするには、以下の手順に従います。なお、本書ではコントロールパネルでの設定は「アイコン表示」であることを前提に解説を進めています。

❶［スタート］メニューの「すべてのアプリ」欄から「Windowsツール」を選択して、「コントロールパネル」を選択します。

❷コントロールパネルの右上にある「表示方法」のドロップダウンから「大きいアイコン」または「小さいアイコン」を選択します。

❸コントロールパネルが「アイコン表示」になります。

検索を用いて素早く各種設定にアクセスする

　各種設定に素早くアクセスしたい場合には、Windowsの「検索」を活用します。Windows 11の検索は、￼ を押して一度手を離した後にキーワード入力することによって行え、設定名や英単語（設定名の英語表記）を用いることにより素早くアクセスできます。

　例えば、「コントロールパネル（Control panel)」であれば、￼ を押して一度手を離した後に C O N と入力して、検索結果の一覧から「コントロールパネル」を選択して Enter を押すことで簡単にアクセスできます。

　その他の詳細設定も設定名や英語設定名の2〜4文字程度を入力すれば

検索できます。

Windowsはバージョンアップによって、設定項目名や目的の設定に至るまでの手順が変更される時がありますが、このような場合でも「検索」を用いることによって設定を探し出せます。

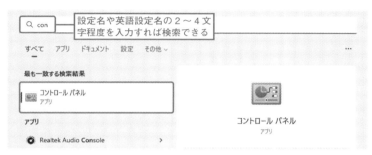

■■ →ⒸⓄⓃで「コントロールパネル」を選択してⒺⓃⓉⒺⓇを押せば、簡単に対象設定を起動できる。なお、ここでの検索はWindowsの使用状況によって優先順位が変動する仕様だ。

クイックアクセスメニューによる操作と設定

Windows 11には設定や管理系項目に素早くアクセスできる「クイックアクセスメニュー」が備えられています。「システム」「ディスクの管理」などへのアクセスや電源操作を素早く行えるため、このクイックアクセスメニューの表示方法／ショートカットキーは覚えておくと便利です。

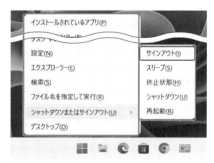

［スタート］ボタンを右クリック、あるいはショートカットキー ■■ ＋Ⓧキーを入力すれば「クイックアクセスメニュー」を表示できる。

▶クイックアクセスメニューからアクセスできるコマンド

インストールされているアプリ	[⊞]＋[X]→[P]キー
モビリティセンター（モバイルPCのみ）	[⊞]＋[X]→[B]キー
電源オプション	[⊞]＋[X]→[O]キー
イベントビューアー	[⊞]＋[X]→[V]キー
システム	[⊞]＋[X]→[Y]キー
デバイスマネージャー	[⊞]＋[X]→[M]キー
ネットワーク接続	[⊞]＋[X]→[W]キー
ディスクの管理	[⊞]＋[X]→[K]キー
コンピューターの管理	[⊞]＋[X]→[G]キー
ターミナル／ Windows PowerShell	[⊞]＋[X]→[I]キー
ターミナル／ Windows PowerShell（管理者）	[⊞]＋[X]→[A]キー
タスクマネージャー	[⊞]＋[X]→[T]キー
設定	[⊞]＋[X]→[N]キー
エクスプローラー	[⊞]＋[X]→[E]キー
検索	[⊞]＋[X]→[S]キー
ファイル名を指定して実行	[⊞]＋[X]→[R]キー
サインアウト	[⊞]＋[X]→[U]→[I]キー
スリープ	[⊞]＋[X]→[U]→[S]キー
シャットダウン	[⊞]＋[X]→[U]→[U]キー
再起動	[⊞]＋[X]→[U]→[R]キー
デスクトップ	[⊞]＋[X]→[D]キー

Windows 11のバージョンによってショートカットキーの一部は改編されることもある

Windows 11のシステム情報を確認する

　Windows 11の「エディション」「バージョン」やPCのスペック（CPU・メモリなど）を確認したい場合には、以下の手順に従います。

❶「 ⚙ 設定」から「システム」－「バージョン情報」と選択します。

▶システム情報の確認

デバイス名	コンピューター名（デバイス名／ PC 名）を確認できる
プロセッサ	CPU の型番と動作クロック数が確認できる
実装RAM	PC に物理的に搭載している物理メモリ容量が確認できる
システムの種類	オペレーティングシステムのシステムビット数を確認できる（Windows 11 は「64 ビット」のみ）
エディション	Windows 11 のエディション（Home ／ Pro ／ Enterprise ／ Education）を確認できる
バージョン	Windows 11 のバージョンを確認できる（Windows 11 のバージョンは西暦の下二桁＋H1（前期）／ H2（後期）で示される）

▶「システム（バージョン情報）」のショートカット起動

[🪟] ＋ [X] → [Y] キー

ファイルの拡張子を表示する

Windows 11 でファイルの拡張子を表示するには、以下の手順に従います。

┃ コントロールパネルからの設定

❶コントロールパネル（アイコン表示）から「エクスプローラーのオプション」を選択します。

❷「エクスプローラーのオプション」の「表示」タブで「登録されている拡張子は表示しない」のチェックを外して、「OK」をクリックします。

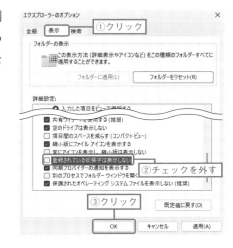

エクスプローラーからの設定

❶エクスプローラーから「表示」ー「表示」と選択して、「ファイル名拡張子」をチェックします。

4-3 Windows 10 PCの共通設定と操作（サーバー／クライアント共通）

「⚙️設定」へのアクセス

Windows 10では「⚙️設定」で各種設定を行うのが基本です。

「⚙️設定」へアクセスしたい場合には、以下の手順に従います。

なお、本書では記述上単なる［設定］ではわかりにくいため、Windows 10の設定コンソールである［設定］は、「⚙️設定」と表記します。

❶［スタート］メニューから「⚙️設定」を選択します。あるいはショートカットキー ［⊞］＋［I］キーを入力します。

❷「⚙️設定」が表示されます。

▶「⚙️設定」のショートカット起動

［⊞］＋［I］キー

「コントロールパネル」へのアクセス

Windows 10でコントロールパネルをアイコン表示にするには、以下の手順に従います。なお、本書ではコントロールパネルでの設定は「アイコン表示」であることを前提に解説を進めています。

❶[スタート]メニューの「すべてのアプリ」欄から「Windowsシステムツール」を選択して、「コントロールパネル」を選択します。

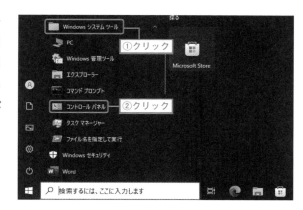

❷コントロールパネルの右上にある「表示方法」のドロップダウンから「大きいアイコン」または「小さいアイコン」を選択します。

Chapter
4

サーバー／クライアントでの共通設定

❸コントロールパネルが「アイコン表示」になります。

検索を用いて素早く各種設定にアクセスする

　各種設定に素早くアクセスしたい場合には、Windowsの「検索」を活用します。

　Windows 10の検索は、 ■ を押して一度手を離した後にキーワード入力することによって行え、設定名や英単語（設定名の英語表記）を用いることにより素早くアクセスできます。

　例えば、「コントロールパネル（Control panel）」であれば、 ■ を押して一度手を離した後に C O N と入力して、検索結果の一覧から「コントロールパネル」を選択して Enter を押すことで簡単にアクセスできます。

　その他の詳細設定も設定名や英語設定名の2〜4文字程度を入力すれば検索できます。

　Windows 10はバージョンアップによって、設定項目名や目的の設定に至るまでの手順が変更される時がありますが（実際に初期リリースのWindows 10と現在のWindows 10では設定項目名や設定手順が異なるものもある）、このような場合でも「検索」を用いることによって設定を探し出せるのです。

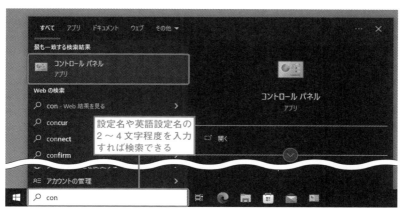

⊞ → C O N で「コントロールパネル」を選択して Enter を押せば、簡単に対象設定を起動できる。
なお、ここでの検索はWindowsの使用状況によって優先順位が変動する仕様だ。

クイックアクセスメニューによる操作と設定

　Windows 10には設定や管理系項目に素早くアクセスできる「クイックア
クセスメニュー」が備えられています。「システム」「ディスクの管理」など
へのアクセスや電源操作を素早く行えるため、このクイックアクセスメ
ニューの表示方法／ショートカットキーは覚えておくと便利です。

［スタート］ボタンを右クリックし、あるい
はショートカットキー ⊞ ＋ X キーを入
力すれば「クイックアクセスメニュー」を
表示できる。

▶クイックアクセスメニューからアクセスできるコマンド

アプリと機能	⊞ + X → F キー
モビリティセンター（モバイルPCのみ）	⊞ + X → B キー
電源オプション	⊞ + X → O キー
イベントビューアー	⊞ + X → V キー
システム	⊞ + X → Y キー
デバイスマネージャー	⊞ + X → M キー
ネットワーク接続	⊞ + X → W キー
ディスクの管理	⊞ + X → K キー
コンピューターの管理	⊞ + X → G キー
Windows PowerShell	⊞ + X → I キー
Windows PowerShell（管理者）	⊞ + X → A キー
タスクマネージャー	⊞ + X → T キー
設定	⊞ + X → N キー
エクスプローラー	⊞ + X → E キー
検索	⊞ + X → S キー
ファイル名を指定して実行	⊞ + X → R キー
サインアウト	⊞ + X → U → I キー
スリープ	⊞ + X → U → S キー
シャットダウン	⊞ + X → U → U キー
再起動	⊞ + X → U → R キー
デスクトップ	⊞ + X → D キー

Windows 10のバージョンによってショートカットキーの一部は改編されることもある

Windows 10のシステム情報を確認する

　Windows 10の「エディション」「バージョン」やPCのスペック（CPU・メモリなど）を確認したい場合には、以下の手順に従います。

❶「🔧設定」から「システム」－「詳細情報」と選択します。

▶システム情報の確認

デバイス名	コンピューター名（デバイス名／PC名）を確認できる
プロセッサ	CPUの型番と動作クロック数が確認できる
実装RAM	PCに物理的に搭載している物理メモリ容量が確認できる
システムの種類	オペレーティングシステムのシステムビット数を確認できる
エディション	Windows 10のエディション（Home ／ Pro ／ Enterprise ／ Education）を確認できる
バージョン	Windows 10のバージョンを確認できる（Windows 10のバージョンは西暦の下二桁＋H1（前期）／ H2（後期）で示される）

▶「システム（バージョン情報）」のショートカット起動

[⊞] ＋ [X]→[Y] キー

ファイルの拡張子を表示する

Windows 10でファイルの拡張子を表示するには、以下の手順に従います。

■ コントロールパネルからの設定

❶コントロールパネル（アイコン表示）から「エクスプローラーのオプション」を選択します。

❷「エクスプローラーのオプション」の「表示」タブで「登録されている拡張子は表示しない」のチェックを外して、「OK」をクリックします。

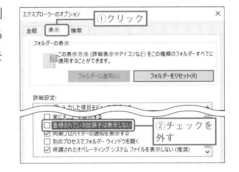

■ エクスプローラーからの設定

❶エクスプローラーの「表示」タブの「表示／非表示」内、「ファイル名拡張子」をチェックします。

4-4 Windows 11での ネットワーク情報の確認

「⚙ 設定」によるネットワーク情報の確認

　Windows 11でネットワーク情報を確認したい場合には、以下の手順に従います。

　なお、以下の手順は現在接続済みのネットワーク情報の確認手順ですが（既に通信が確立している状態からの確認）、各ネットワークアダプターの情報を確認したい場合には、P.113を参照してください。

❶「⚙ 設定」から「ネットワークとインターネット」を選択します。あるいはショートカットキー ■ + X → W キーを入力します。現在接続済みのネットワークが表示されるので「プロパティ」をクリックします。

▶有線LAN接続　　　　　　　　　　　　　　▶Wi-Fi接続

❷該当ネットワーク情報を確認できます。

▶有線LAN接続

▶Wi-Fi接続

▶ネットワーク情報内の主な項目の意味

SSID（Wi-Fi接続）	現在Wi-Fi接続しているアクセスポイントのSSIDを確認できる
プロトコル（Wi-Fi接続）	現在Wi-Fi接続しているアクセスポイントの無線LAN規格を確認できる
セキュリティの種類（Wi-Fi接続）	現在Wi-Fi接続しているアクセスポイントの暗号化モードを確認できる
ネットワーク帯域（Wi-Fi接続）	無線LANの帯域（2.4GHz ／ 5GHz ／ 6GHz）を確認できる
ネットワークチャネル（Wi-Fi接続）	無線LANのチャネルを確認できる
IPv4 ／ IPv6アドレス	割り当てられたIPv4 ／ IPv6アドレスを確認できる
IPv4 ／ IPv6DNSサーバー	DNSサーバーのアドレスを確認できる
製造元	ネットワークアダプターの製造元を確認できる
説明	ネットワークアダプターの型番を確認できる
ドライバーのバージョン	ネットワークアダプターのデバイスドライバーのバージョンを確認できる
物理アドレス（MAC）	ネットワークアダプターのMACアドレスを確認できる

「ハードウェアと接続のプロパティ」によるネットワーク情報の確認

PCに搭載されている各ネットワークアダプターのネットワーク情報を確認したい場合には、以下の手順に従います。

この手順では、接続済みではないネットワークアダプターのネットワーク情報を確認することもできます。

❶「 ⚙ 設定」から「ネットワークとインターネット」を選択します。あるいはショートカットキー <kbd>⊞</kbd> ＋ <kbd>X</kbd> → <kbd>W</kbd> キーを入力します。「ネットワークの詳細設定」をクリックします。

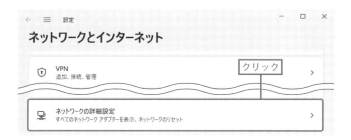

❷「ハードウェアと接続のプロパティ」をクリックします。

❸PCに搭載されている各ネットワークアダプターのネットワーク情報を確認できます。

▶ネットワーク情報内の主な項目の意味

説明	ネットワークアダプターの型番を確認できる
物理アドレス（MAC）	MACアドレスを確認できる
IPv4 ／ IPv6アドレス（接続済みの場合）	割り当てられたIPアドレスを確認できる
IPv4 ／ IPv6デフォルトゲートウェイ（環境によって表示されない場合もある）	デフォルトゲートウェイアドレスを確認できる

コマンドを利用するためのコンソールの起動

　Windows 11でコマンドを実行するためには「コマンドプロンプト」「ターミナル」「Windows PowerShell」のどれかを起動します。

　本書で扱うネットワーク系のコマンドは、「コマンドプロンプト」「ターミナル」「Windows PowerShell」に対応するので、どれを起動してもかまいません。

❶ショートカットキー ⌘ ＋ Ⓡ キーを入力して、「ファイル名を指定して実行」から「CMD」と入力して Enter キーを押して「コマンドプロンプト」を起動します。あるいは ⌘ ＋ Ⓧ → Ⓘ キーを入力して「ターミナル」を起動します。

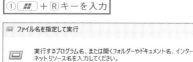

❷コマンドを実行できるコンソールを起動できます。

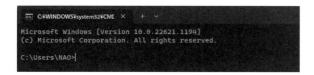

▶「コマンドプロンプト」「Windows PowerShell」のショートカット起動

コマンドプロンプト	⌘ ＋ Ⓡ → 「CMD（入力実行）」
ターミナル／ Windows PowerShell	⌘ ＋ Ⓧ → Ⓘ キー
ターミナル／ Windows PowerShell（管理者）	⌘ ＋ Ⓧ → Ⓐ キー

コマンドによるネットワーク情報の確認

　「コマンド」で該当PCのネットワーク情報を確認したい場合には、以下の手順に従います。

❶コマンドが実行できるコンソール上のプロンプトで「IPCONFIG /ALL」と入力して、[Enter]キーを押します。

❷該当PCのネットワーク設定や状況が表示されます。すべてのネットワークアダプターの情報が表示されますが、現在のネットワーク状況を確認したい場合には「メディアは接続されていません」と表示されていないネットワークアダプターに着目します。

▶ネットワーク情報内の主な項目の意味

ホスト名	コンピューター名を確認できる
説明	ネットワークアダプター名を確認できる
物理アドレス	MACアドレスを確認できる
IPv4 ／ IPv6アドレス（接続済みの場合）	割り当てられたIPアドレスを確認できる
デフォルトゲートウェイ（接続済みの場合）	デフォルトゲートウェイアドレスを確認できる

4-5 Windows 10でのネットワーク情報の確認

「⚙設定」によるネットワーク情報の確認

Windows 10でネットワーク情報を確認したい場合には、以下の手順に従います。

なお、以下の手順は現在接続済みのネットワーク情報の確認手順ですが（既に通信が確立している状態からの確認）、各ネットワークアダプターの情報を確認したい場合には、P.119を参照してください。

❶「⚙設定」から「ネットワークとインターネット」を選択します。あるいはショートカットキー ⊞ + X → W キーを入力します。現在接続済みのネットワークが表示されるので「プロパティ」をクリックします。

▶ 有線LAN接続

▶ Wi-Fi 接続

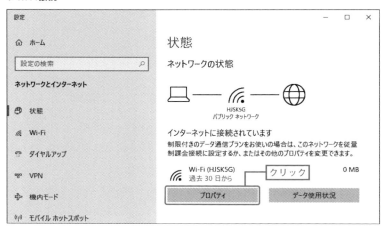

❷ 「プロパティ」欄で該当ネットワーク情報を確認できます。

▶ 有線 LAN 接続

▶ Wi-Fi 接続

▶ネットワーク情報内の主な項目の意味

SSID（Wi-Fi接続）	現在Wi-Fi接続しているアクセスポイントのSSIDを確認できる
プロトコル（Wi-Fi接続）	現在Wi-Fi接続しているアクセスポイントの無線LAN規格を確認できる
セキュリティの種類（Wi-Fi接続）	現在Wi-Fi接続しているアクセスポイントの暗号化モードを確認できる
ネットワーク帯域（Wi-Fi接続）	無線LANの帯域（2.4GHz ／ 5GHz ／ 6GHz）を確認できる
ネットワークチャネル（Wi-Fi接続）	無線LANのチャネルを確認できる
IPv4 ／ IPv6アドレス	割り当てられたIPアドレスを確認できる
IPv4 ／ IPv6DNSサーバー	DNSサーバーのアドレスを確認できる
製造元	ネットワークアダプターの製造元を確認できる
説明	ネットワークアダプターの型番を確認できる
ドライバーのバージョン	ネットワークアダプターのデバイスドライバーのバージョンを確認できる
物理アドレス（MAC）	ネットワークアダプターのMACアドレスを確認できる

「ハードウェアによる接続のプロパティ」によるネットワーク情報の確認

　PCに搭載されている各ネットワークアダプターのネットワーク情報を確認したい場合には、以下の手順に従います。この手順では、接続済みではないネットワークアダプターのネットワーク情報を確認することもできます。

❶「 設定」から「ネットワークとインターネット」を選択します。あるいはショートカットキー ⊞ + X → W キーを入力します。「ハードウェアと接続のプロパティを表示する」をクリックします。

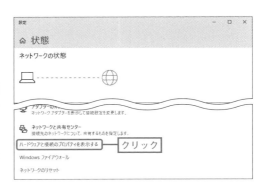

サーバー／クライアントでの共通設定

Chapter 4

❷PCに搭載されている各ネットワークアダプターのネットワーク情報を確認できます。

左上: 設定

⌂ ハードウェアと接続のプロパティを表示する

プロパティ

名前:	イーサネット
説明:	ASIX AX88179 USB 3.0 to Gigabit Ethernet Adapter
物理アドレス (MAC):	00:01:8e:████
状態:	使用不可
最大転送単位:	1500
IPv4 アドレス:	169.254.3.109/16
IPv6 アドレス:	fe80::a423:748e:11b4:12ce%37/64
DNS サーバー:	fec0:0:0:ffff::1%1, fec0:0:0:ffff::2%1, fec0:0:0:ffff::3%1
接続 (IPv4/IPv6):	切断済み

名前:	Wi-Fi
説明:	Qualcomm Atheros QCA61x4A Wireless Network Adapter
物理アドレス (MAC):	58:00:e3:████
状態:	使用不可
最大転送単位:	1500
IPv4 アドレス:	169.254.162.232/16
IPv6 アドレス:	fe80::c879:f98b:8452:3027%7/64
DNS サーバー:	fec0:0:0:ffff::1%1, fec0:0:0:ffff::2%1, fec0:0:0:ffff::3%1
接続 (IPv4/IPv6):	切断済み

▶ネットワーク情報内の主な項目の意味

説明	ネットワークアダプターの型番を確認できる
物理アドレス（MAC）	MACアドレスを確認できる
IPv4 ／ IPv6 アドレス（接続済みの場合）	割り当てられたIPアドレスを確認できる
IPv4 ／ IPv6 デフォルトゲートウェイ（環境によって表示されない場合もあり）	デフォルトゲートウェイアドレスを確認できる

コマンドを利用するためのコンソールの起動

　Windows 10でコマンドを実行するためには「コマンドプロンプト」あるいは「Windows PowerShell」を起動します。

　本書で扱うネットワーク系のコマンドは、「コマンドプロンプト」「Windows PowerShell」の双方に対応するので、どちらを起動してもかまいません。

❶ショートカットキー ⊞ ＋ R キーを入力して、「ファイル名を指定して実行」から「CMD」と入力して Enter キーを押して「コマンドプロンプト」を起動します。あるいは ⊞ ＋ X → I キーを入力して「Windows PowerShell」

を起動します。

① [⊞] + [R] キーを入力

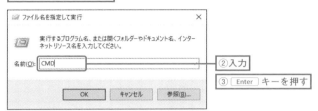

②入力
③ [Enter] キーを押す

❷コマンドを実行できるコンソールを起動できます。

▶「コマンドプロンプト」「Windows PowerShell」のショートカット起動

コマンドプロンプト	[⊞] + [R] → 「CMD（入力実行）」
Windows PowerShell	[⊞] + [X] → [I] キー
Windows PowerShell（管理者）	[⊞] + [X] → [A] キー

コマンドによるネットワーク情報の確認

「コマンド」で該当PCのネットワーク情報を確認したい場合には、以下の手順に従います。

❶コマンドが実行できるコンソール上のプロンプトで「IPCONFIG /ALL」と入力して、[Enter] キーを押します。

「IPCONFIG /ALL」と
入力して [Enter] を押す

❷該当PCのネットワーク設定や状況が表示されます。すべてのネットワークアダプターの情報が表示されますが、現在のネットワーク状況を確認したい場合には「メディアは接続されていません」と表示されていないネットワークアダプターに着目します。

▶ネットワーク情報内の主な項目の意味

ホスト名	コンピューター名を確認できる
説明	ネットワークアダプター名を確認できる
物理アドレス	MACアドレスを確認できる
IPv4 ／ IPv6 アドレス（接続済みの場合）	割り当てられたIPアドレスを確認できる
デフォルトゲートウェイ（接続済みの場合）	デフォルトゲートウェイアドレスを確認できる

Chapter
1

Chapter
2

Chapter
3

Chapter
4

Chapter
5

Chapter
6

Chapter
7

Chapter
8

Appendix

Chapter 5

Windows PC での
サーバー構築

5-1 サーバーを構築する目的と運用方法

データファイルはサーバーで集中管理する

「サーバー」とは、クライアントからのリクエストを受けてサービスを提供するシステムのことです。**本書における「サーバー」とは、ファイルを集中管理する「ファイルサーバー」**のことを示します。

ネットワークが普及し始めた頃の黎明期において「サーバー」と「クライアント」には明確な線引きがあり物理的なPCとしてスペックも機能も別々の存在でしたが、Windows 11 ／ 10では機能としてサーバーにもクライアントにもなれるためネットワーク内にあるどのPCも「サーバー」になれます。

しかし、機能的にサーバーになれるからといってオフィス内のいくつものPCをサーバー（共有フォルダーを有効）にしてしまうと管理がおぼつかなくなってしまいます。

そもそもデータファイルは一箇所に集約して管理したほうが、ユーザーごとにアクセスレベルが設定できる、バックアップが行いやすい、情報漏えいが起こりにくいなどの数々のメリットがあるのです。

よって、**比較的少人数である小さな会社では「サーバーは1台」として、ローカルエリアネットワークで扱うデータファイルは1つのサーバー PCで集中管理するのが正しい**ということになります。

▶データファイルはサーバーで集中管理

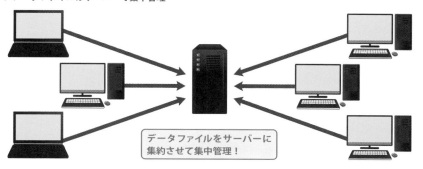

データファイルをサーバーに
集約させて集中管理！

アクセスを「許可」してアクセスを「制限」するためのサーバー

　サーバーは「クライアントからのリクエスト（アクセス）を受け付けるシステム」です。また、同時に「不必要なクライアントからのリクエストを受け付けないシステム」でもあります。

　例えば、取引先に渡す見積書／契約書などの情報は、該当業務に関係のない社員に見せる必要はありませんし、また見えてしまうと困る状況もあります。

　このような状況に対応するために**「共有すべき情報は共有して、共有すべきではない情報に対してはアクセス制限をかける」という管理が必要**であり、「必要な人のみがデータファイルにアクセスできる環境」を構築するのがサーバーの役割といえます。

　なお、このようなアクセス許可／制限の管理は、共有フォルダーアクセス時に「ユーザー名とパスワード」の組み合わせによる認証で行います。

Chapter
5

Windows PCでのサーバー構築

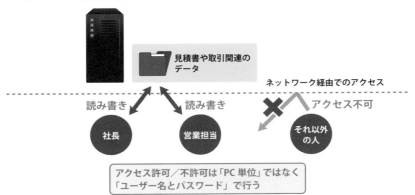

▶データにアクセス制限する管理

見積書や取引関連のデータ

ネットワーク経由でのアクセス

読み書き　　読み書き　　　　アクセス不可

社長　　　営業担当　　　　それ以外の人

アクセス許可／不許可は「PC単位」ではなく「ユーザー名とパスワード」で行う

ファイルサーバー運用を十分に満たす「汎用Windows OS」

　サーバー用途に適したWindows OSというと「Windows Serverシリーズ」があり、例えば「Windows Server 2022」などが挙げられます。

　しかし、これらのサーバーOSは小さな会社にとっては「高価すぎる」という側面があり、また実際の小さな会社のオフィス内での運用を考えると、ここまで高機能なOSは必要ありません。

　では、どのOSをサーバーとして運用すればよいかといえば、サーバーにアクセスするPCが10台前後（最大同時アクセス数が20まで）の環境であれば「汎用Windows OS」で十分です。

　汎用Windows OSとは、ずばり「Windows 11」「Windows 10」のことであり、現在サーバーに適用できるPC資産があれば、それを活かしてコストをかけずにサーバーを構築することも可能です。

▶共有フォルダーでのアクセス許可・制限

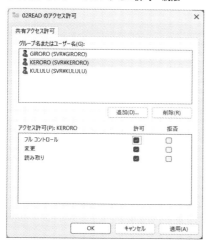

共有フォルダーにアクセス制限をかけて、必要なユーザーしかアクセスできない環境を構築。このようなファイルサーバーとしての必要な管理はWindows 11 / Windows 10でも可能であり、むしろ低予算やわかりやすさが求められる小さな会社のサーバー管理には最適なOSといえる。

サーバーに適用すべきWindows OSとエディション

　Windows 11 / 10には複数のエディションが存在し、エディションによってサポートする機能が異なりますが、ファイルサーバーとしての運用を考えた場合、どのWindowsでも十分な機能を有します。

　ちなみに、Windows 11 / 10の動作や操作を制限することでセキュリティを高められる「ローカルセキュリティポリシー」「グループポリシー」や、ネットワーク経由で他PCからの操作を許可できる「リモートデスクトップ」を利用したい場合には上位エディション（Pro / Enterprise / Education）を選択する必要がありますが、逆にこれらの機能を利用しない場合には、下位エディション（Home）でも必要十分です。

▶ エディション別の機能

	サーバー運用	同時アクセス数	ローカルセキュリティポリシーによる設定	リモートデスクトップホスト
Windows 11 Home	○	20	不可	不可
Windows 11 Pro	◎	20	可	可
Windows 11 Enterprise	◎	20	可	可
Windows 11 Education	◎	20	可	可
Windows 10 Home	○	20	不可	不可
Windows 10 Pro	◎	20	可	可
Windows 10 Enterprise	◎	20	可	可
Windows 10 Education	◎	20	可	可

Column ネットワークに接続してはいけない旧Windows搭載PC

　Windows 8.1 ／ Windows 8 ／ Windows 7 ／ Windows Vista ／ Windows XPなどのOSは既にサポートが終了しているため絶対に利用してはいけません。これは最新のセキュリティアップデートが適用されないため、即マルウェアに侵されてしまう可能性があるからです。

　該当OSを搭載したPCは、ローカルエリアネットワーク内の他PCなどにも危険が及ぶ可能性もあるため、ネットワーク上で起動することも禁止です。

▶ サポートが終了したWindows OS

OS	メインストリームサポート終了日	延長サポート終了日
Windows 8.1	2018年1月9日（終了）	2023年1月10日（終了）
Windows 8	※8.1へのUP必須（終了）	※8.1へのUP必須（終了）
Windows 7	2015年1月13日（終了）	2020年1月14日（終了）
Windows Vista	2012年4月10日（終了）	2017年4月11日（終了）
Windows XP	2009年4月14日（終了）	2014年4月8日（終了）

サーバーは「サーバー専用PC」で運用する

本書におけるサーバーを運用するPC（サーバー PC）は汎用的な Windows OSを利用するため、サーバー運用しながらクライアントとして各種オペレーティング（Microsoft Officeで各種データを編集、Webブラウズなど）を行うことも不可能ではありません。

しかし、**サーバーに割り当てたPCでオペレーティングを行うことは「厳禁」**であり、必ず**「サーバー専用（オペレーティングをしない、設定時以外はサインイン（ログオン）もしない）」として運用**しましょう。

これは、サーバー上で操作を行うことはセキュリティリスクを増やしていることに他ならないからです。

セキュリティ対策については第8章で解説していますが、**マルウェア感染や情報漏えいのほとんどは、日常的なオペレーティングの中でユーザー自らの操作が招いて**います。

逆にいえば、サーバー PCを「サーバー専用」として運用することにより、悪意に侵される場面をほぼなくすことができ、大切なデータファイルをセキュアに管理することが可能になるのです。

▶サーバーの安全な管理とは「オペレーティング」を行わないこと

これらの操作を行わないことは、結果的にマルウェア感染や脆弱性を突かれるという場面がほぼなくなるため「セキュア」といえる

Microsoft Officeなどの利用

インターネットへのアクセス

アプリ／プログラムの導入

サーバー

サーバー PC に求められる環境設定

　サーバー PC に求められる設定は、第4章で解説した「ネットワークに参加するすべての PC での共通設定」のほかに、「共有の有効化」「各省電力の停止」「プロセッサスケジュールの最適化」などが求められます。

　「共有の有効化」とは、サーバーとしてクライアントからのアクセスを受け入れるための基本設定です。

　また、「各省電力の停止」とは、コンシューマー向け Windows 11 ／ 10 では一定時間無操作が続くと自動的にスリープする設定が適用されてしまいますが、サーバー運用においてはほぼ無操作であり、クライアントからの要求を受けるためにも勝手にスリープされては困るがゆえの停止設定です。

　そして、「プロセッサスケジュールの最適化」は、サーバーとしてはアクティブタスク（つまりアプリ作業）などではなく、ファイル処理などのバックグラウンドタスクに CPU リソースを割り当てるための設定になります。

　なお、それぞれの設定はサーバーに適用した Windows によって異なるため、下表を参照してください。

▶ サーバーに適用した Windows ごとの設定

| Windows 11 | 5-4参照 |
| Windows 10 | 5-5参照 |

5-2 サーバー PC本体の商品選択と 必要スペック

サーバー PC（PC本体）に求められるスペックと商品選択

「サーバー PC」に求められるハードウェアスペックは、一般的なPCとはやや異なります。

比較のため、一般的なPCにおける理想を考えてみましょう。

一般的なPCでは、処理速度が速く、ビデオ処理が高速かつ高機能（高解像度対応・マルチディスプレイ対応・3Dレンダリングが高速）であることに越したことはなく、また置き場所などを考えると小さい筐体であったほうが理想です。また、Officeや動画再生・編集アプリなどが標準搭載のほうがよいでしょう。

しかし**「サーバー PC」に求められるハードウェアスペックやソフトウェア環境は、「なるべく余計な機能がついていないシンプルな構成」**です。

また、ファイルアクセスが集中するという特性もあるため、PCとして熱がこもりにくいことが求められます。

サーバー PCにおける理想をまとめると、下記のようになります。

比較的大きな筐体（マイクロATX以上が理想）

サーバー PCは業務中は電源をつけたままになります。このように長時間運用になることを考えても、PCの筐体において熱のこもる構造は安定性に問題が生じる可能性があり、またPCそのものの寿命を縮めます。

本書が語るような「小さな会社」でのサーバー運用であれば、PC本体を過度に冷却する必要はありませんが、熱がこもる構造は好ましくなく、またストレージの増設などのメンテナンスを考えても比較的大きい筐体であるこ

とが理想です。

なお**ノートPCなどのモバイル端末はサーバーのようなファイルアクセスが集中する用途を考えて設計されていないため、サーバーPCに適しません。**

▶サーバーはデスクトップPCが条件

Windowsファイルサーバーには
「デスクトップPC」を利用する

将来のストレージ増設やメンテナンス性を考えても
比較的大きめな筐体が理想

最小限の機能

　サーバーPCにおいて、重視される機能はネットワークにおけるファイルの入出力だけです。高性能なビデオ機能は必要なく、安価なCPU搭載モデルで必要十分です。

　発熱性や各パーツを管理するという意味での安定性を考えると、**PCとして必要最低限の機能だけ（パーツ構成）であることが理想**になります。

　これは、PCにおいてパーツが多ければ多いほど管理しなければならないものも増えるため、安定性を欠くことになるためです。

あまり古いPCは利用しない

　サーバーPCの将来にわたる運用を考えると、あまり古いPC（例えば10年前のPC）を利用することはお勧めできません。これはハードウェア的に劣化が進んでいて近い将来にトラブルが起こる可能性が高いからです。

　購入時のスペックや利用頻度などにもよりますが、**5年以内に入手したPCが理想**になります。

サーバー PCの理想要件（まとめ）

サーバー PC に求められる性能、理想の PC は以下のようになります。

すべての条件を満たす必要はありませんが、拡張性を確保した筐体でかつ、なるべくシンプルな構成であることが求められます。

▶サーバー PCの理想像

比較的大きめの筐体	筐体が大きく熱がこもらない構造が理想。ノートPC は不可
余計なパーツがついていない	安定性とパフォーマンスを考えても、サーバーとしての運用に必要なパーツ以外はついていないことが理想
安定したネットワーク性能	サーバーはファイルアクセスが集中するので、信頼性が高いLAN ポート搭載機が理想。なお、オンボードLAN（マザーボードにビルドインしているLAN ポート）の安定性や通信パフォーマンスに不満がある場合には、別途LAN アダプターを増設することを検討する（P.40参照）
必要容量を満たすストレージ	サーバー運用に必要な容量を満たすストレージをあらかじめ搭載している、あるいは増設できる PC

サーバー PCを購入する

サーバー PC を購入するのであれば、なるべくシンプルな構成のPC を購入しましょう。

シンプルな構成の商品とは、余計な機能（ゲーム向けのビデオカードやTV チューナーなどの機能）がついていないこと、また余計なアプリがバンドルされていないものです。

CPU などのハードウェアスペックについては、現在販売されているデスクトップ PC であればどのモデルでも小さな会社のサーバーとしては十分用途を満たします（ただしストレージを増設するのであれば、ストレージを増設するためのコネクタと物理的なスペースがケース内に必要）。

PC本体価格は為替相場によって変動しますが、5 ～ 8万円程度で入手できます。

▶ サーバー用 PC はシンプルイズベスト

サーバー PC は余計な付加機能を必要としないため、いわゆるシンプルな構成のデスクトップPCでよく、比較的安価に購入できる。どのメーカーを選ぶかは任意だが、ポイントとしては筐体が比較的大きく、また余計なアプリがプリインストールされていないことが理想になる。

サーバー PC を自作する

　自作 PC の知識がある場合には、サーバー PC を自作してもよいでしょう。

　サーバー PC にはシンプルな構成と大きな筐体が求められますが、自作 PC であればこれらの各パーツチョイスが容易でかつ安価に作成できます。

　なお、自作を行うのであれば P.133 で解説したサーバー PC の理想像を追求したうえで、「電源ユニット」に着目してください。これは安価な電源ユニットを利用した場合、中長期的な運用において耐久性に問題がでることがあるからで「80PLUS 認証」を持つ信頼性の高いブランドをチョイスすることが理想になります。

　自作によるサーバー PC であれば、パーツ構成や時事にもよりますが4万円前後から構築できます（別途、要OS）。

▶ サーバー PC を自作するための構成例（価格は時事によって異なるため参考）

ケース	メンテナンス性が高いマイクロ ATX など、5,000 円程度から
電源ユニット	安定性に定評があり電源容量を満たすもの、8,000 円程度から
マザーボード	余計な機能がないシンプルなもの、LAN チップセットに定評があるもの、8,000 円程度から
CPU	現在販売されているものであればどれでも十分な性能がある、7,000 円程度から
メモリ	一般的なサーバー運用であれば8GBで十分（アプリを起動しないため）、4,000 円程度から

ストレージ	作業スペースとしての必要容量を満たすもの、「システムドライブ」と「データドライブ」という形でストレージを分けるのが理想（P.137参照）。Serial ATA接続SSDが2,000円程度から、M.2接続のNVMe SSDが3,000円程度から、ハードディスクが6,000円程度から

停電に備えた対策とUPSの商品選択

サーバー PC はクライアントからのアクセスが集中するため、通常のPC運用に比べてより多くのファイルの読み書きが行われますが、PCはファイルを書き込みしている状態で電源が遮断されるとタイミングによっては「ファイルクラッシュ」が発生します。

サーバー運用は大切なデータファイルを守るためにも、停電などの不測の事態が発生した場合でもPCの電源が遮断されない環境が理想になります。このような**停電時でも電源を供給し続けるための装置が「無停電電源装置（UPS:Uninterruptible Power Supply）」**です。

なお、ビジネス環境でサーバー PC を安全に運用したい場合、無停電電源装置（UPS）であれば何でもよいというわけではなく、以下で述べる知識と要件をもって商品選択を行ってください。

▶無停電電源装置（UPS）

無停電電源装置（UPS）は求める電源容量などにもよりますが、正弦波のもので20,000円前後から購入できます。

出力波形は必ず「正弦波」

無停電電源装置（UPS）のバックアップ運転時（いわゆる停電時）の出力波形には「正弦波」や「矩形波（くけいは）」があります。

デスクトップPCの電源ユニットのほとんどは「PFC」と呼ばれる力率改善回路を内蔵していますが、電源ノイズを抑制する「PFC回路」を内蔵した

Chapter 5

Windows PCでのサーバー構築

電源ユニットは、一般的なコンセントの出力波形である「正弦波」での入力を前提に設計されています。

出力波形が「矩形波」のUPSとデスクトップPC（PFC回路内蔵した電源ユニットを搭載したPC）を組み合わせた場合、電源ユニットに負荷を与えることになり最悪物理的に電源ユニットが破損します（マザーボードやストレージを巻き込んでクラッシュを起こす可能性さえあります）。

つまり、**UPSの商品選択は「バックアップ運転時に正弦波出力を行うもの」に限ります**。

出力容量

無停電電源装置（UPS）は必要な電源容量を満たさなければ、導入する意味がありません。

必要な電源容量とは、PCを最低限動作させるために必要な周辺機器を含んだ容量であり、一般的にはPC本体＋ディスプレイの電源容量が必要です。

UPSが停電時に出力できる容量は、UPSのスペックシートにおける「出力容量」で確認できます。

UPSは「停電時にPCを使い続けるためのもの」ではない

無停電電源装置（UPS）は停電時においても電源を供給し続ける装置ですが、間違えてはいけないのは「停電時にもPCで作業を続けるための装置ではない」ということです。

これは私たちが入手すべき**普及価格帯のUPSは、商品選択やPCの構成にもよりますが、「バックアップ時間（停電時に電源供給し続けられる時間）」は多くても数十分程度**であるためです。

つまりUPSは停電時でも電源を供給し続ける装置ではありますが、停電が数分以上続く状況においては「停電時にPCを正常にシャットダウンさせるための装置」ととらえるべきです。

5-3 サーバー PC のストレージ管理

理想的な「システム」と「データ」を分ける管理

Windows では「システム（Windows 本体）」に対して、OS 駆動中に更新プログラムやテンポラリなどの多くの読み書きが行われます。このような特性を考えると、同じドライブでデータを管理することは「ファイルクラッシュの可能性が高い」ことになります。

また、システムとデータが同じドライブにあるということは、システムがクラッシュした際にデータファイルも巻き込まれやすいほか、システムリカバリ時にデータファイルを上書きしてなくしてしまう、またはシステムが壊れた状態でデータファイルが救いにくいなどの問題があります。

このような特性を踏まえると、**サーバー PC においては「システム」と「データ」を保持するドライブを分ける管理が理想**になるのです。

▶システムドライブ上のデータ管理はリスクがある

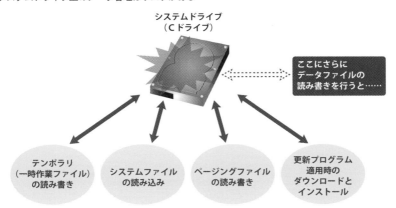

システムドライブ
（C ドライブ）

ここにさらに
データファイルの
読み書きを行うと……

テンポラリ
（一時作業ファイル）
の読み書き

システムファイル
の読み込み

ページングファイル
の読み書き

更新プログラム
適用時の
ダウンロードと
インストール

なお、ここで述べるストレージ管理はあくまでも理想であり必須要件ではありません。データファイルの安全性を高めたい場合でかつ、PCのハードウェアやストレージ管理に対してある程度の知識があるネットワーク管理者のみが適用することをお勧めします。

「システム」と「データ」ドライブの分離方法

「システム」と「データ」ドライブの分離方法として**最も理想なのは、ストレージを増設したうえで各管理を行うストレージを物理的に分けてしまうこと**です。

具体的にはサーバーPCにストレージを増設して2台構成にして、1台目を「システムドライブ」、2台目を「データドライブ」という形で、完全にシステムとデータが独立したドライブ環境に切り分けます。

これによりシステムドライブがクラッシュしても、物理的に独立しているデータドライブは問題に巻き込まれません。システムの再インストールやシステムドライブの入れ替えの際にも、独立しているのでデータドライブ上のデータは安全に保持できます。

また結果的に読み書きが分散されるため、速度的にも寿命的にも効能があります。

▶「システム」と「データ」を物理的に分けた管理

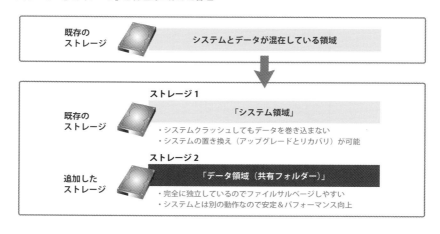

ストレージが1台の場合でも実行できる「システム」と「データ」ドライブの分離

サーバー PC のストレージ管理の理想は、ストレージ2台構成による「システム」と「データ」ドライブの分離です。

しかし、ストレージが1台の場合でも、パーティションを分けることにより「システム」と「データ」を管理する領域を分離することは可能です。

この運用方法はストレージ2台構成よりは安全性に劣りますが、システムとデータが独立したドライブで管理できるためわかりやすい管理が可能で、システムトラブル時にもメンテナンスが行いやすいという特徴があります。

▶1台のストレージで「システム」と「データ」の領域を分ける

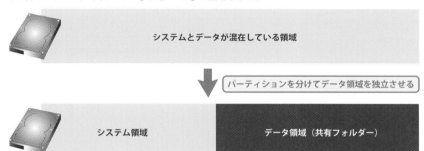

システムとデータが混在している領域

パーティションを分けてデータ領域を独立させる

システム領域

データ領域（共有フォルダー）

ストレージの増設

サーバー PC にストレージを増設したい場合には、「内蔵ストレージ（SSD ／ハードディスク）」を選択するのが基本です。外付けタイプのストレージをサーバー PC 用途に選択してはいけません。

これは外付けタイプの場合、電源やUSBケーブルが抜けるという不確定要素が増えてしまうほか、安易に持ち運べるような媒体にデータを保存することはセキュリティ的に問題があり、安定＆安全性が求められるサーバー PC に不向きだからです。

ストレージの物理的接続

Serial ATA SSD／ハードディスクの接続は、電源ユニットからの電源コネクタを接続、そしてSATAケーブルでストレージとマザーボードの空きSATAポートを接続するだけです。

新規購入したストレージであれば、まず領域（パーティション）を作成してから、フォーマットを実行する必要があります（P.142参照）。

なお、マザーボードによってはM.2スロットにNVMe SSDを増設できますが、NVMe SSDは読み書きが高速である反面、発熱による速度低下が起こりやすい（サーマルスロットリングが起こる）ことに注意が必要です。複数のPCから集中的に読み書きが行われる対象としてはやや不向きで、PC内部での接続や配置に問題がなければ、データドライブとしてはSerial ATA接続のストレージがお勧めです（PC故障時などに別のPCに接続するなどして、サルベージしやすいのもSerial ATA接続のストレージの利点になる）。

▶Serial ATAポートのケーブル接続

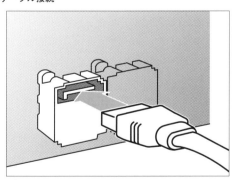

Column シンプルなストレージ構成が基本

　ファイルサーバーなどというと「RAID（レイド：Redundant Arrays of Inexpensive Disks)」を利用するのが当たり前のように語られることがありますが、小さな会社で利用するファイルサーバーではRAIDは必須ではありません。

　RAIDには複数のストレージに並列で書き込むことで高速化を実現する「ストライピング（RAID 0)」や、複数のストレージに同じデータを同時に書き込む「ミラーリング（RAID 1)」などがあります。

　「RAID 0」は1台のストレージが破損するとすべてのデータが損なわれるという構造上、信頼性を求める環境に採用する意味はありません。

　「RAID 1」は、1台のストレージが破損しても別のストレージでデータを読み書きできるため、ファイルサーバーの信頼性においてはプラスに働きます。しかし、RAID 1の構造であってもオペレーティング上間違えてデータファイルを上書き／消去してしまった場合には、すべてのストレージからデータファイルが上書き／消去されるため決して「バックアップ」ではなく、あくまでもストレージに障害があった際に役立つ機能です。

　このような特性からも小さな会社のオフィス環境にRAID 1の構築はマストではなく、あくまでも環境的に可能で管理できる場合に構築すればよいオプションで、むしろ日々の「バックアップ」こそが求められるファクターといえます。

▶上：「ダイナミックディスク」による「ミラーリング」／下：「記憶域」による「耐障害性の確保」

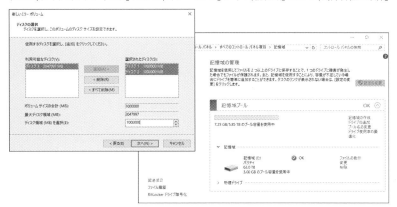

Windows OSではハードウェアRAIDコントローラーに頼らず、OS上の設定でミラーリングすることも可能だが（「ダイナミックディスク」や「記憶域」)、ミラーリング環境の構築はマストではない。管理の煩雑さなどを踏まえたうえで、メリットを感じる場合のみ構築すればよい。

新しいストレージに対するパーティションの作成とフォーマット

　新規購入したストレージに対してパーティションの作成やフォーマットを行うには、ディスク管理ツールである「ディスクの管理」を利用します。

　なお、ディスクの管理では既存のストレージのパーティションに対してもフォーマット（全消去）を実行できるため、各種操作は慎重に行いましょう。

❶ショートカットキー [⊞] + [X] → [K] キーで「ディスクの管理」を起動します。「ディスクの初期化」が表示されたら初期化するディスク（SSD ／ハードディスク）をチェックして、パーティションスタイルから「GPT（GUID パーティションテーブル)」を選択します。

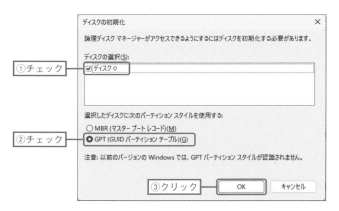

▶MBRとGPTの違い

MBR（マスターブートレコード）	2TBまでの領域しか扱えないパーティションスタイル。過去のハードウェアやOSとの互換性を重視しており、パーティションの作成数などに制限がある
GPT（GUID パーティションテーブル）	2TBを超える領域も扱えるパーティションスタイル。現在のハードウェアやOS（本書はWindows 11 ／ 10を前提）であれば、こちらのパーティションスタイルを選択する

❷新しいストレージ上の「未割り当て領域」を右クリックして、ショート
カットメニューから「新しいシンプルボリューム」を選択します。以後、ウィ
ザードに従ってパーティションの作成とフォーマットを行います。

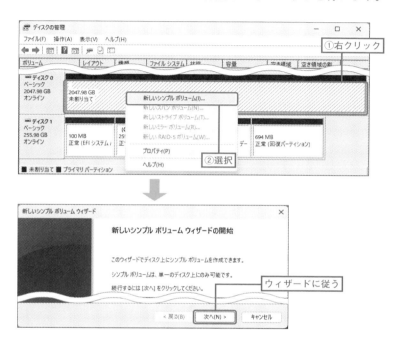

既存のパーティションを縮小して新規ドライブを作成する

　Windowsのエクスプローラーでは、ストレージ上の1つのパーティショ
ン（領域）を「ドライブ」として扱うことができます。ストレージ上の既存
のパーティションを縮小して新しいドライブを作成したい場合には、「ディ
スクの管理」を起動して、以下の手順に従います。

　なお、パーティションを分割するには既存領域に空き領域（未使用の領域）
が多く存在する必要があり、またファイルのある領域を変更する操作である
ため、事前のバックアップが推奨されます。

❶「ディスクの管理」を起動します。パーティションサイズを縮小したい領域を右クリックして、ショートカットメニューから「ボリュームの縮小」を選択します。

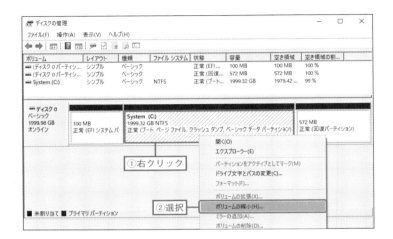

❷「縮小する領域のサイズ」に任意の縮小容量を指定して、「縮小」をクリックします。なお、縮小できる最大サイズは、既存パーティションの状態（空き容量やフラグメンテーションの状態）によって異なります。システム領域に十分な容量を割り当てることも必要です（システム領域は64GBが最小要件、余裕を持って80GB以上残すことを推奨）。

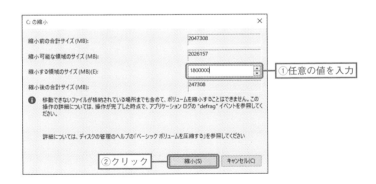

❸パーティションのサイズが縮小され、「未割り当て」領域ができます。

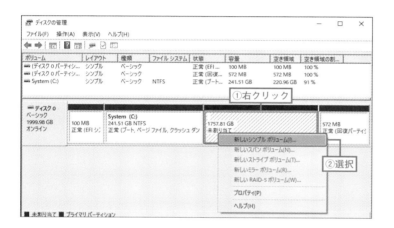

❹ストレージ上の「未割り当て」領域を右クリックして、ショートカットメニューから「新しいシンプルボリューム」を選択します。以後、ウィザードに従ってパーティションの作成とフォーマットを行います。

❺新しいパーティション（ドライブ）を作成できます。

5-4 Windows 11 PCを サーバーにするための設定

コンピューター名の確認と設定

　ローカルエリアネットワーク上でネットワーク機器が通信を行う際、相手を特定する手段として内部的には「プライベートIPアドレス」が利用されますが、PCでの操作上は「コンピューター名（デバイス名／PC名）」を指定して通信を行います。

　サーバーのコンピューター名はクライアントからのアクセス先指定として必須であるため、**サーバーであることがわかりやすいコンピューター名を命名しましょう。**

▶コンピューター名をターゲットにしてサーバーにアクセスする共有フォルダー

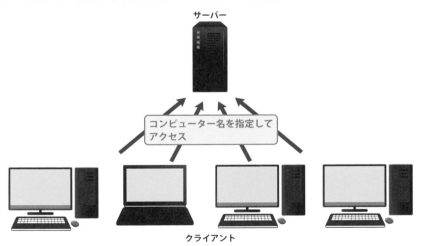

サーバー

コンピューター名を指定して
アクセス

クライアント

　ちなみに、コンピューター名は「PC名」「デバイス名」とも呼ばれ、Windows 11においては随所で表記が揺れているのですが、本書では「コン

ピューター名」という名称で統一して解説をしています。

　Windows 11でコンピューター名（デバイス名／ PC名）を確認／設定するには、以下の手順に従います。

❶「 ⚙ 設定」から「システム」－「バージョン情報」と選択します。「デバイス名」で現在の「コンピューター名（デバイス名／ PC名）」を確認できます。コンピューター名を変更したい場合には、「このPCの名前を変更」をクリックします。

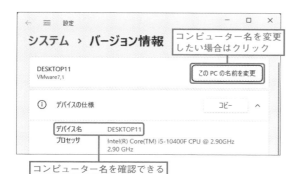

❷空欄に任意のコンピューター名を入力して、「次へ」をクリックします。以後、ウィザードに従います。

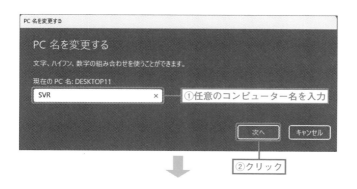

Chapter
5

Windows PCでのサーバー構築

▶「バージョン情報（システム）」のショートカット起動

　⊞ ＋ X → Y キー

共有を有効にする

　Windows 11 PCをサーバーにする場合、まずネットワーク上で共有を許可するために「共有」を有効にする必要があります。Windows 11で共有を有効にするには、**ネットワークプロファイルが「プライベートネットワーク」になっている必要があります**が、この設定を確認／変更するには以下の手順に従います。

❶「🔅設定」から「ネットワークとインターネット」を選択します。サーバーですので「イーサネット」（本書のサーバーは「有線LAN接続」が前提、なお、「イーサネット」の表記はPCで異なることがあります）でネットワークが接続されていることが確認できます。「プロパティ」をクリックします。

❷「ネットワークプロファイルの種類」欄の「プライベートネットワーク」をチェックします。

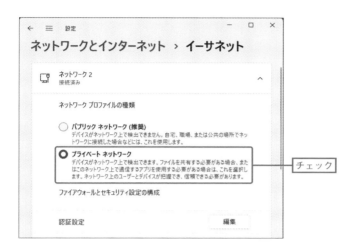

Chapter
5

Windows PCでのサーバー構築

❸続けて、「⚙ 設定」から「ネットワークとインターネット」ー「ネットワークの詳細設定」ー「共有の詳細設定」を選択します。

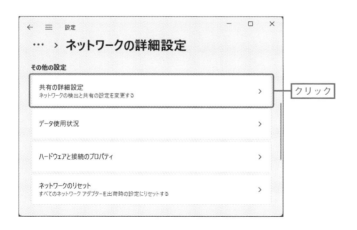

❹「ファイルとプリンターの共有」を「オン」にします。

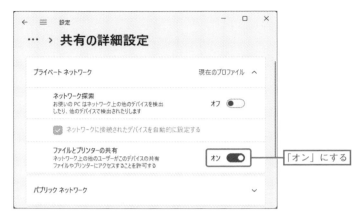

▶「ネットワークとインターネット（ネットワーク接続)」のショートカット起動

~~[⊞] + [X] → [W] キー~~

スリープの停止

　Windows 11では、標準の省電力機能として未操作状態が一定時間続くと自動的に「スリープ」を実行します。

　しかし、サーバー PC で意図せずにスリープになってしまうと、クライアントからのアクセスが不可能になってしまい業務に支障がでることになります。

　Windows 11の自動的なスリープを停止するには、以下の手順に従います。

❶「⚙ 設定」から「システム」－「電源」と選択します。「画面とスリープ」
をクリックします。

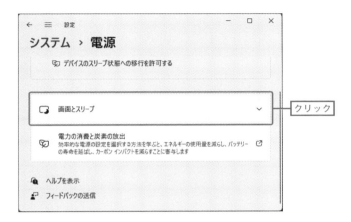

❷「画面とスリープ」の「電源接続時に、次の時間が経過した後にデバイス
をスリープ状態にする」のドロップダウンから「なし」を選択します。

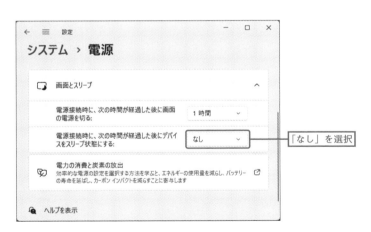

▶「電源オプション」のショートカット起動

⎍ + X → O キー

ストレージの省電力機能の停止

　Windows 11では一定時間以上ストレージにアクセスがないと、省電力機能として自動的にストレージの電源を切る仕組みになっています。

　この省電力機能が適用されたのちにクライアントからサーバーへのアクセスがあった場合、省電力からの復帰作業が発生するためタイムラグが生じ、スムーズなネットワークアクセスが妨げられることになります。

　Windows 11で自動的なストレージの省電力を停止するには、以下の手順に従います。

❶コントロールパネル（アイコン表示）から「電源オプション」を選択します。タスクペインにある「コンピューターがスリープ状態になる時間を変更」をクリックします。

❷「詳細な電源設定の変更」をクリックします。

❸「電源オプション」内の「ハードディス
ク」ー「次の時間が経過後ハードディスク
の電源を切る」を「0（なし）」に設定しま
す。「OK」をクリックします。

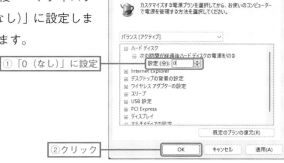

① 「0（なし）」に設定

②クリック

プロセッサスケジュールをサーバー向けに設定する

Windows 11では現在作業中のアプリ（デスクトップ上であればデスク
トップでアクティブになっているウィンドウ）により多くのプロセッサリ
ソースを割り当てるように設計されています。

これは一般オペレーティングでは正しい設定ですが、サーバー PCではア
プリ作業を行わないため、システム動作側のパフォーマンスを高めるように
設定を変更します。

❶「⚙ 設定」から「システム」ー「バージョン情報」と選択して、「システム
の詳細設定」をクリックします。

クリック

Chapter
5

Windows PCでのサーバー構築

❷「システムのプロパティ」の「詳細設定」タブ内、「パフォーマンス」欄にある「設定」をクリックします。

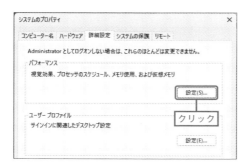

❸「パフォーマンスオプション」の「詳細設定」タブ内、「プロセッサのスケジュール」欄で「バックグラウンドサービス」をチェックして、「OK」をクリックします。

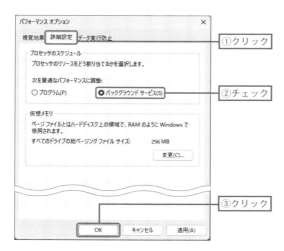

▶「バージョン情報（システム)」のショートカット起動

[⊞] + [X] → [Y] キー

Column Windows 11 サーバーのデスクトップ設定

サーバーでは、セキュリティ対策として、あらゆるオペレーティング（Microsoft Office で各種データを編集、Web ブラウズなど）を行いません。デスクトップ上の操作は共有許可やユーザー作成など限られた設定のみであるため、Windows 11 標準でデスクトップに適用されている「背景」「透過効果」などは不要になります。

サーバーであることをわかりやすくするために、あるいは余計な効果を無効にしてCPU・GPU・メモリの負荷を減らしたい場合には、「 ❖ 設定」から「個人用設定」を選択して、「背景」の背景をカスタマイズで「単色」を選択、「色」の「透過効果」をオフにするとよいでしょう（任意設定）。

▶ 背景と透過効果をカスタマイズ

5-5 Windows 10 PCを サーバーにするための設定

コンピューター名の確認と設定

　ローカルエリアネットワーク上でネットワーク機器が通信を行う際、相手を特定する手段として内部的には「プライベートIPアドレス」が利用されますが、PCでの操作上は「コンピューター名（デバイス名／PC名）」を指定して通信を行います。

　サーバーのコンピューター名はクライアントからのアクセス先指定として必須であるため、**サーバーであることがわかりやすいコンピューター名を命名しましょう。**

▶コンピューター名をターゲットにしてサーバーにアクセスする共有フォルダー

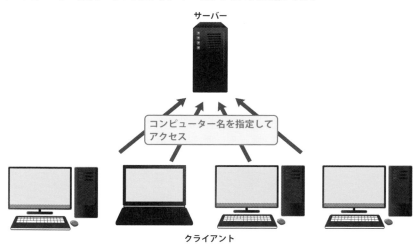

サーバー

コンピューター名を指定して
アクセス

クライアント

ちなみに、コンピューター名は「PC名」「デバイス名」とも呼ばれ、Windows 10においては随所で表記が揺れているのですが、本書では「コンピューター名」という名称で統一して解説をしています。

Windows 10でコンピューター名（デバイス名／PC名）を確認／設定するには、以下の手順に従います。

❶「⚙設定」から「システム」－「詳細情報」と選択します。「デバイス名」で現在の「コンピューター名（デバイス名／PC名）」を確認できます。コンピューター名を変更したい場合には、「このPCの名前を変更」をクリックします。

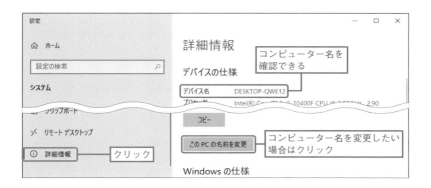

❷空欄に任意のコンピューター名を入力して、「次へ」をクリックします。以後、ウィザードに従います。

▶「バージョン情報（システム）」のショートカット起動

　　🪟 ＋ X → Y キー

共有を有効にする

　Windows 10 PCをサーバーにする場合、まずネットワーク上で共有を許可するために「共有」を有効にする必要があります。Windows 10で共有を有効にするには、**ネットワークプロファイルが「プライベート」になっている必要があります**が、この設定を確認／変更するには以下の手順に従います。

❶「🔧設定」から「ネットワークとインターネット」を選択します。サーバーですので「イーサネット」（本書のサーバーは「有線LAN接続」が前提、なお、「イーサネット」の表記はPCで異なることがあります）でネットワークが接続されていることが確認できます。「プロパティ」をクリックします。

❷「ネットワークプロファイル」欄の「プライベート」をチェックします。

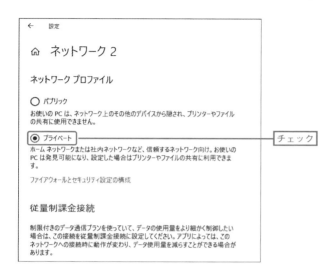

❸続けて、コントロールパネル（アイコン表示）から「ネットワークと共有センター」を選択します。「プライベートネットワーク」と表記されていることを確認します。また、タスクペインにある「共有の詳細設定の変更」をクリックします。

❹「プライベート（現在のプロファイル）」内の「ファイルとプリンターの共有」欄、「ファイルとプリンターの共有を有効にする」をチェックして、設定を変更した場合には「変更の保存」をクリックします。

▶「ネットワークとインターネット（ネットワーク接続）」のショートカット起動

⊞ ＋ Ⓧ → Ⓦ キー

スリープの停止

Windows 10では、標準の省電力機能として未操作状態が一定時間続くと自動的に「スリープ」を実行します。

しかし、サーバーPCで意図せずにスリープになってしまうと、クライアントからのアクセスが不可能になってしまい業務に支障がでることになります。

Windows 10の自動的なスリープを停止するには、以下の手順に従います。

❶「🔧 設定」から「システム」－「電源とスリープ」と選択します。「スリープ」欄の「次の時間が経過後、PC をスリープ状態にする（電源に接続時）」のドロップダウンから「なし」を選択します。

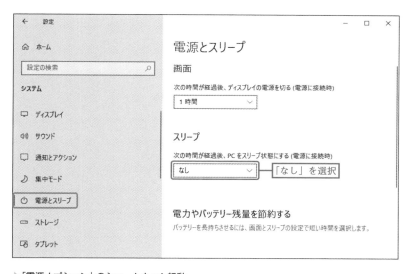

▶「電源オプション」のショートカット起動

[⊞] + [X] → [O] キー

ストレージ省電力機能の停止

　Windows 10では一定時間以上ストレージアクセスがないと、省電力機能として自動的にストレージの電源を切る仕組みになっています。

　この省電力機能が適用されたのちにクライアントからサーバーへのアクセスがあった場合、省電力からの復帰作業が発生するためタイムラグが生じ、スムーズなネットワークアクセスが妨げられることになります。

　Windows 10で自動的なストレージの省電力を停止するには、以下の手順に従います。

❶コントロールパネル（アイコン
表示）から「電源オプション」を
選択します。タスクペインにある
「コンピューターがスリープ状態
になる時間を変更」をクリックし
ます。

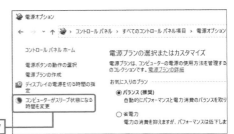

❷「詳細な電源設定の変更」をク
リックします。

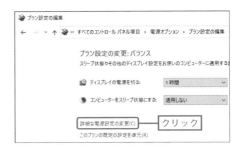

❸「電源オプション」内の「ハー
ドディスク」ー「次の時間が経過
後ハードディスクの電源を切る」
を「0（なし）」に設定します。
「OK」をクリックします。

プロセッサスケジュールをサーバー向けに設定する

Windows 10では現在作業中のアプリ（デスクトップ上であればデスク
トップでアクティブになっているウィンドウ）により多くのプロセッサリ
ソースを割り当てるように設計されています。

これは一般オペレーティングでは正しい設定ですが、サーバー PC ではアプリ作業を行わないため、システム動作側のパフォーマンスを高めるように設定を変更します。

❶「⚙設定」から「システム」-「詳細情報」と選択して、「システムの詳細設定」をクリックします。

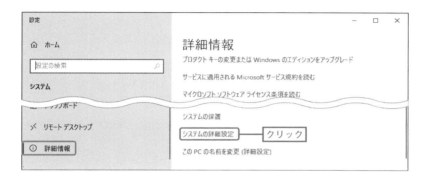

❷「システムのプロパティ」の「詳細設定」タブ内、「パフォーマンス」欄にある「設定」をクリックします。

❸「パフォーマンスオプション」の「詳細設定」タブ内、「プロセッサのスケジュール」欄で「バックグラウンドサービス」をチェックして、「OK」をクリックします。

▶「システムの詳細設定」のショートカット起動

 ⊞ + X → Y キー

Windows 10サーバーのデスクトップ設定

　サーバーでは、セキュリティ対策として、あらゆるオペレーティング（Microsoft Officeで各種データを編集、Webブラウズなど）を行いません。デスクトップ上の操作は共有許可やユーザー作成など限られた設定のみであるため、Windows 10標準でデスクトップに適用されている「背景」「透過効果」などは不要になります。

　サーバーであることをわかりやすくするために、あるいは余計な効果を無効にしてCPU・GPU・メモリの負荷を減らしたい場合には、「🔲設定」から「個人用設定」を選択して、「背景」で「単色」を選択、「色」で「透過効果」をオフにするとよいでしょう（任意設定）。

▶ 背景と透過効果をカスタマイズ

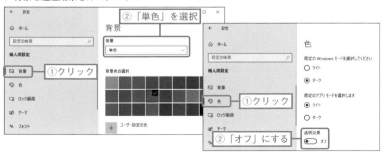

Chapter
1

Chapter
2

Chapter
3

Chapter
4

Chapter
5

Chapter
6

Chapter
7

Chapter
8

Appendix

Chapter 6

サーバーにセキュアな
共有フォルダー環境を
設定する

6-1 データファイルを共有するための「共有フォルダー」の基本理論

共有フォルダーの基本：フォルダー単位での共有許可

　ネットワーク上でクライアントから「サーバー上のデータファイル」にアクセスするには、まず「サーバー上の任意のフォルダー」に対して共有を許可して、ローカルエリアネットワーク上に公開する必要があります。

　この公開するフォルダーは1つでもよければ複数でもかまいませんし、また「ドライブごと」でもかまいません。

　なおオフィス内における実際の運用を考えると、最低2つ以上のフォルダーを共有してアクセスレベルを可変させるのが通常です。

▶フォルダーに対する共有許可例

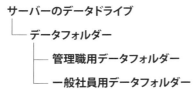

```
サーバーのデータドライブ
└─ データフォルダー
      ├─ 管理職用データフォルダー
      └─ 一般社員用データフォルダー
```

共有フォルダーの基本：ユーザーごとのアクセス許可

　データ共有の設定は、各共有フォルダーに対して「ユーザーごとのアクセス許可」を行います。

　つまり、ある共有フォルダーには「ユーザー Aだけ接続許可、ユーザー Bは接続不可」、またある共有フォルダーには「ユーザー A、ユーザー Bとも接続許可」というような設定を行うのです。

▶フォルダーに対するユーザーごとの共有許可例

サーバーのデータドライブ

└── **データフォルダー**

├── **管理職用データフォルダー**　⇐ ユーザー A のみ接続許可

└── **一般社員用データフォルダー**　⇐ ユーザー A、ユーザー B とも接続許可

共有フォルダーの基本：アクセスレベルの設定

　共有フォルダーでは「ユーザーの接続を制限する指定」ができるほか、ユーザーごとにアクセスレベルの設定を行うことができます。

　具体的には、「フルコントロール」「変更」「読み取り」の3つの許可を設定できますが、**オフィス内における共有フォルダー設定では、わかりやすく「フルコントロール」か「読み取り」のどちらかを選択すれば用途を満たします。**

▶「アクセス許可」における各チェックの意味

フルコントロール
（「変更」での許可をすべて含む）

対象共有フォルダー内における
・ファイルやフォルダーのアクセス許可変更
・ファイルやフォルダーの所有権取得

変更
（「読み取り」での許可をすべて含む）

対象共有フォルダー内における
・ファイルやフォルダーの作成
・ファイルやフォルダーの削除
・ファイルの変更（ファイルの編集）

読み取り

対象共有フォルダー内における
・ファイルの表示（編集不可）
・サブフォルダーへの移動
・プログラムファイルの実行

共有フォルダーの基本：サーバー上のユーザー名とパスワードで認証

　共有フォルダーは「ユーザーごとにアクセス許可指定」が行えますが、この共有フォルダーでアクセスを許可するユーザーは「サーバーに存在するユーザーアカウント」である必要があります。

　サーバー上に存在しないユーザーアカウントは、共有フォルダーにアクセスを許可するユーザー名として指定できないのです。

　また、Windowsのセキュリティ制限上、ユーザーアカウントは必ず「パスワード」が必要になります。これは、仮に共有フォルダーにおいて指定ユーザーを許可したとしても、そのユーザーアカウントに「パスワード」を設定していない限り、共有フォルダーにアクセスできないことになります。

サーバー上での共有フォルダー設定ステップ

　サーバーにおける共有フォルダーは、以下のステップで設定を行います。

▶共有設定のステップ（すべてサーバー上の作業）

❶ 共有フォルダーでアクセス許可指定するためのユーザーアカウント（ユーザー名とパスワード）を作成

　　↓

❷ 共有フォルダーを指定

　　↓

❸ 共有フォルダーでアクセスを許可するユーザーを指定

　　↓

❹ 共有フォルダーでアクセスを許可したユーザーに対するアクセスレベルを設定

6-2 サーバー上でユーザーアカウントを作成する目的と注意点

サーバー上でユーザーアカウントを作成する目的

通常、Windowsで複数のユーザーアカウントを作成する目的は、「1つの
PCで複数のユーザーを使い分けるため（それぞれのユーザーでデスクトップにサインイン（ログオン）するため）」で、つまり同一PCに対して各人の
プライバシーを確保して作業するためのものです。

しかし、**本書がこれから解説するユーザーアカウント作成の意味は「共有
フォルダーに対してアクセスを許可するユーザー名を指定するため」のもの**
です。

この点を把握して、以後のユーザーアカウントの作成と管理を行うことは
非常に重要です。

逆から解説すると、本書がこれから解説するユーザーアカウント作成は
**「Windowsのデスクトップにサインイン（ログオン）するためのユーザーア
カウントではない」点に注意**します。

あくまでも「共有フォルダーでアクセス許可指定するためのユーザー名と
パスワード」を管理するために、サーバー上でユーザーアカウントの作成を
行います。

▶ アクセス許可のためにユーザーアカウントを作成

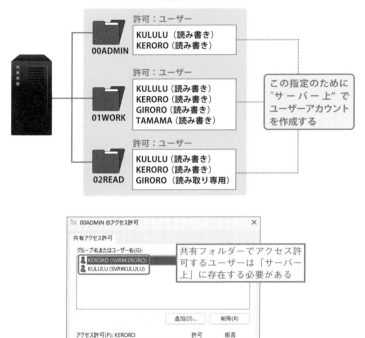

サーバーの共有フォルダー

許可：ユーザー

KULULU （読み書き）
KERORO （読み書き）

00ADMIN

許可：ユーザー

KULULU （読み書き）
KERORO （読み書き）
GIRORO （読み書き）
TAMAMA （読み書き）

01WORK

この指定のために
"サーバー上"で
ユーザーアカウント
を作成する

許可：ユーザー

KULULU （読み書き）
KERORO （読み書き）
GIRORO （読み取り専用）

02READ

共有フォルダーでアクセス許
可するユーザーは「サーバー
上」に存在する必要がある

サーバー上の共有フォルダーでアクセスを許可するユーザーを指定。この指定を行うためにあらか
じめ「サーバー上でユーザーアカウントを作成」しておく必要があるのだ。なお、クライアント上
でサインイン（ログオン）するユーザー名とは異なる必要があり、クライアントでサインインして
いるユーザー名とは全く別の文字列の「共有許可用のユーザー名」を作成して許可する。

ローカルアカウントを利用したユーザーアカウントの作成

　Windows 11 ／ 10ではユーザーアカウントのサインインタイプとして
「ローカルアカウント」と「Microsoftアカウント」が選択できます。

　本書におけるユーザーアカウントの作成する目的は、**あくまでも共有フォ**

ルダーでアクセス許可指定するためなので、必ずサインインタイプは「ローカルアカウント」で作成してください。

▶共有フォルダーでアクセス許可するためのユーザーアカウント作成

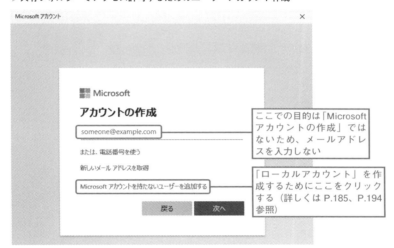

ここでの目的は「Microsoft アカウントの作成」ではないため、メールアドレスを入力しない

「ローカルアカウント」を作成するためにここをクリックする（詳しくは P.185、P.194参照）

（詳しくは P.185、P.194 参照）

Windows 11／10のユーザーアカウントの作成は「Microsoftアカウント」が基本になっているが、本書の目的は「共有フォルダーでアクセス許可指定するため」なので、必ずサインインタイプとして「ローカルアカウント」を作成する（P.185、P.194参照）。

ユーザーアカウントの「アカウントの種類」

ユーザーアカウントには「ユーザー名」と「パスワード」のほかに「アカウントの種類」の設定があります。

ちなみに「アカウントの種類」には「管理者」と「標準ユーザー」が存在しますが、**本書におけるユーザーアカウントの作成する目的は、「共有フォルダーでアクセス許可指定するため」なので、アカウントの種類は関係がありません**（理由がない限り「標準ユーザー」に設定します）。

これはユーザーアカウントにおける「アカウントの種類」とは、デスクトップにサインイン（ログオン）した際にシステム操作や設定に制限をかけるか否かの選択であるためです（次ページの表を参照）。

なお、「標準ユーザー」という表現は書籍上ではわかりにくいため、本書ではユーザーアカウントにおけるアカウントの種類の標準ユーザーは「標準ユーザー（アカウントの種類）」と表記します。

▶共有フォルダーでアクセス許可において「アカウントの種類」は影響しない

「共有フォルダーでアクセス許可指定するためのユーザーアカウント」においては、アカウントの種類が「管理者」であるか「標準ユーザー」であるかは関係がない。ただし、ネットワーク管理者などにおいてユーザーアカウントをそのまま「リモートデスクトップ接続」に利用したい場合には「管理者」である必要がある（リモートデスクトップホストの設定については8-4参照）。

▶アカウントの種類（デスクトップサインインアカウントにおける違い）

管理者（アカウントの種類）

Windowsに対する各種設定を制限なく実行できる。システムカスタマイズやWindows 11 ／ 10に変更を加えるプログラムのインストールなどが許可される。ちなみにホストとしてリモートデスクトップ接続を許可した場合、無条件にアクセスが許可されるのも「管理者」の特徴だ（P.260参照）。

標準ユーザー（アカウントの種類）

システムカスタマイズやWindows 11 ／ 10に変更を加えるプログラムのインストールなどが制限される。このアカウントの種類を割り当てておけばシステムや他のユーザーアカウントに影響を及ぼすことができない。

ユーザーアカウントを作成／管理する際の注意点

　ユーザーアカウントの作成／管理には、Windowsの特性上の「暗黙の了解」があり、操作上は可能であっても禁止されている事項が存在します。

　具体的には「ユーザーアカウントを作成する際のユーザー名に対する日本

語利用」「ユーザーアカウント作成後のユーザー名の変更」は禁止であり、これらの禁止事項を破ると将来的なネットワーク／システム運用に支障をきたします（以下、「ローカルアカウント」での制限）。

「ユーザー名」に日本語は利用しない

ユーザー名には「英字の羅列（1バイト文字）」を利用するようにして、「日本語（2バイト文字）」の利用は避けましょう。

これはWindowsがもともと「1バイトのユーザー名」を想定して作成されているOSだからであり、ユーザー名に2バイト文字を利用しているとWindows Updateやプログラムのインストール時にエラーが発生するなどの問題が起こることがあるからです。

なお、本章のテーマになる「共有フォルダーでアクセス許可指定するためのユーザーアカウント」においては、そもそもデスクトップにサインイン（ログオン）するユーザーアカウントではないため上記のような問題は起こらないものの、ネットワークアクセス認証時にわざわざ手間のかかる日本語入力をする意味もないので、やはり**ユーザー名は「英字の羅列（1バイト文字）」での作成が基本**です。

「ユーザー名の変更」は禁止

ユーザーアカウント（ローカルアカウント）を作成した後の「ユーザー名の変更」は禁止です。

これはWindowsのシステム構造に起因するものなのですが、Windowsは最初に作成したユーザーアカウントのユーザー名を「ネットワーク管理上のユーザー名」として認識します。

その後にユーザー名を変更しても内部的には作成時のユーザー名を保持したままになるため、**ユーザー名を変更してしまうと表示名と内部名が違うという管理上の問題が起こる**ことになるためです。

サーバー上でユーザーアカウントを作成する目的のまとめ

本書におけるサーバー上のユーザーアカウント作成は「共有フォルダーでアクセス許可指定するため」のものです。

管理をわかりやすくするためにも、デスクトップにサインイン（ログオン）しているユーザー名とは「別の文字列のユーザー名」を共有フォルダーアクセス許可用のユーザーアカウントとして作成しましょう。

共有フォルダーでアクセス許可指定するためのユーザーアカウント作成における「ユーザー名」の命名方法は任意でかまいませんが、オフィス内の立場を模したユーザー名の割り当てがわかりやすいでしょう。

現在ローカルエリアネットワーク上のどのPCでもユーザーアカウントとして利用していない「ユーザー名」が条件になるため、現存する苗字や名前は避けることを推奨します。

▶オフィス内の立場で分けるユーザーアカウント作成例（本書のサンプル例）

立場	ユーザー名の例
ネットワーク管理者	KULULU
管理職	KERORO
作業者（一般社員）	GIRORO
アルバイト	TAMAMA

6-3 サーバー上での共有フォルダーの設定（全OS共通）

共有フォルダーの割り当てとアクセス許可するユーザーの指定

共有フォルダーの作成と割り当て方は、部門ごと（管理職、営業、作業者など）、あるいは機能ごと（社外秘、テンプレート、業務など）など、自社の業務形態にあうように工夫してフォルダーを作成して、そのフォルダーを「共有フォルダー」として設定します。

なお、共有フォルダー設定においては「アクセス許可するユーザー指定」が必須になるため、**あらかじめサーバー上で「共有フォルダーでアクセス許可指定するためのユーザーアカウント（ローカルアカウント）」を作成しておく必要**があります（Windowsによってユーザーアカウントの作成手順は異なります。下表参照）。

▶ 事前のユーザーアカウント作成は必須

「共有フォルダーでアクセス許可設定する前に、あらかじめ許可対象のユーザーアカウント（ローカルアカウント）を作成しておく

あらかじめサーバー上で「共有フォルダーでアクセス許可指定するためのユーザーアカウント」を作成してから共有フォルダー設定に臨む。共有フォルダー設定においてユーザーアカウントの用意は「アクセス許可するユーザー指定」で必須になるためだ。

▶ 共有フォルダーでアクセス許可指定するためのユーザーアカウントの作成

Windows 11	6-4参照
Windows 10	6-5参照

本書の作成例

本書は説明を進めるための作成例として、フォルダー「ALLDATA」の配下に「管理職用（ADMIN）」「作業者用（WORK）」フォルダーを作成し、また管理者は編集できるが作業者は閲覧のみ許される「作業者閲覧専用（READ）」フォルダーを作成して説明します。

フォルダー名は日本語にしてもかまいませんが、本書ではフォルダー名と共有名をそろえるようにしたいので、フォルダー名も1バイトによる英語表記にします。

またサーバー上のエクスプローラーで表示した際にきれいに並ぶように、フォルダー名の先頭に連番の数字をつけています。

▶ 本書のフォルダー作成例

```
データドライブ
  └─ ALLDATA
       ├── 00ADMIN  ⇐ 管理職用データフォルダー
       ├── 01WORK   ⇐ 一般社員用データフォルダー、管理職も閲覧編集可能
       └── 02READ   ⇐ 管理職編集可能、一般社員閲覧のみで編集不可フォルダー
```

▶ユーザーアカウントの作成例

ユーザー名の例	立場
KULULU	ネットワーク管理者
KERORO	管理職
GIRORO	作業者（一般社員）
TAMAMA	アルバイト

▶管理職用「00ADMIN」フォルダー

ユーザー	アクセス許可
KULULU	フルコントロール
KERORO	フルコントロール
GIRORO	アクセス不可
TAMAMA	アクセス不可

一般社員にはアクセスを許さない、社外秘用フォルダー。

▶一般社員用「01WORK」フォルダー

ユーザー	アクセス許可
KULULU	フルコントロール
KERORO	フルコントロール
GIRORO	フルコントロール
TAMAMA	フルコントロール

すべてのユーザーが読み書き可能な作業用フォルダー。

▶一般社員読み取り専用「02READ」フォルダー

ユーザー	アクセス許可
KULULU	フルコントロール
KERORO	フルコントロール
GIRORO	読み取り専用
TAMAMA	アクセス不可

管理職は読み書き可能、一般社員は読み取りのみ、アルバイトはアクセス不可なテンプレートや告知用のデータフォルダー。

共有フォルダーの設定へのアプローチ

　共有フォルダーの設定は、まず共有したいフォルダーに対して共有許可を行い、任意の共有名を設定します。

　ここでは、ユーザーごとにアクセスレベルが違う「02READ」フォルダーを例として話を進めます。

　なお、共有フォルダーの設定の後、P.179で説明する「アクセスを許可するユーザーの指定」を引き続き行いますので、設定後も設定ダイアログは閉じないようにします。

❶共有したいフォルダーを右クリックして、ショートカットメニューから「プロパティ」を選択します。

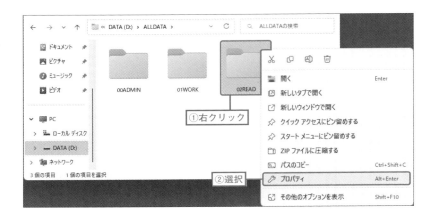

❷「[フォルダー名]のプロパティ」の「共有」タブから「詳細な共有」をクリックします。

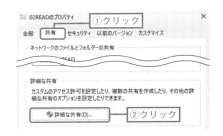

❸「詳細な共有」で「このフォルダーを共有する」をチェックして、「共有名」に任意の共有名を入力します。なお、デフォルトではフォルダー名と同様の文字列が共有名として表示されますので、そのままの名称でもかまいません。引き続き「アクセス許可」設定を行います（次ページ参照）。

共有フォルダーへのアクセスを許可するユーザーの指定

共有フォルダーにおける各ユーザーへのアクセス許可を設定します。

ここで許可したユーザーに対しては、さらに「アクセスレベル」設定が必要ですが、これについては、P.181を参照してください。

❶ユーザーのアクセス制限を設定するために、「アクセス許可」をクリックします。

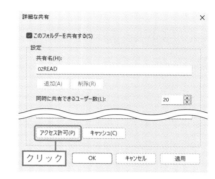

❷「［フォルダー名］のアクセス許可」ダイアログが表示されます。まずは「Everyone」を選択して「削除」をクリックします。「Everyone」を削除する理由についてはP.180のコラムを参照してください。

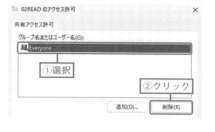

❸「Everyone」を削除した状態では、誰もアクセスできない状態です。次に、この共有フォルダーにアクセスできるユーザーを指定するために、「追加」をクリックします。

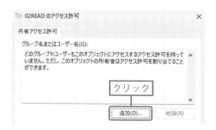

❹「ユーザーまたはグルー
プの選択」ダイアログが表
示されます。「選択するオ
ブジェクト名を入力してく
ださい」欄に、この共有
フォルダーへのアクセスを
許可するユーザー名を入力

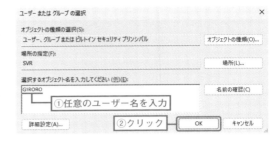

して、「OK」をクリックします。なお、ここで指定するユーザーはあらかじ
めサーバー上のユーザーアカウントとして存在している必要があります
（P.169参照）。

❺「［フォルダー名］のアクセス許可」
ダイアログの上段に、許可したユー
ザー名が表示されます。この工程を繰
り返して、このフォルダーにアクセス
を許可したいユーザーを列記しましょ
う。なお、ユーザーごとのアクセスレ
ベルの設定は次ページを参照してくだ
さい。

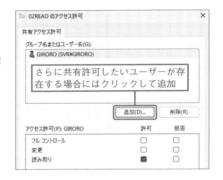

Column 「Everyone」を削除する意味

　「Everyone」は「誰でも」という意味であり、この「Everyone」が存在する場
合、サーバー上に存在するすべてのユーザーを共有フォルダーに受け入れること
になります（規定では「読み取り」のみ）。

　サーバーの役割は、共有フォルダーに対して「許可したユーザーのみがアクセ
スできる」という管理をすることなので、まず「Everyone」を消去して「誰にも
アクセスを許さない状態」に設定した後、アクセス許可すべきユーザーのみを登
録してください。

各ユーザーのアクセスレベルの設定

　各ユーザーのアクセスレベルの設定は、各ユーザーを選択した状態で以下の手順に従います。

❶上段で任意のユーザーを選択します。下段の「アクセス許可」の「許可」欄で各アクセス許可を設定します。

▶各チェック項目の意味

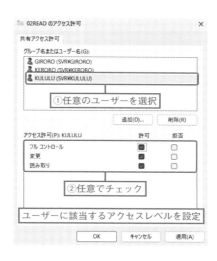

フルコント ロール	その名のとおり、フルコントロールが可能です。「読み取り」と「変更」の各内容とともに、「アクセス許可の変更」「所有権の取得」が行えます。
変更	「読み取り」に加えて、ファイルやフォルダーの追加、ファイルの変更（データ内容の変更など）、ファイルの削除が行えます。
読み取り	共有フォルダーの表示、データファイルを開くこと（変更不可）、プログラムの実行が行えます。

❷該当共有フォルダーに対して「読み書き」を許可するユーザーは「フルコントロール」をチェックします。

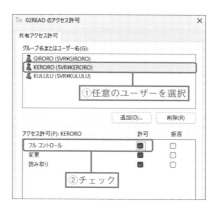

❸該当共有フォルダーに対して「読み取り」のみを許可するユーザーは「読み取り」をチェックします。すべての設定が完了したら「OK」をクリックします。

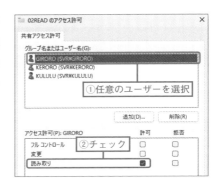

本書例に従った共有フォルダーの設定

　本書の例に従った、各フォルダーの設定は以下のようになります。

　ポイントは、アクセス許可ダイアログにおいて、**「上段にはアクセス許可するユーザーのみ」**列記することと、**ファイルの変更を許可しないユーザーは下段で「読み取り」のみにチェックする**ことです。

　なお、上段に存在しないユーザーは、該当共有フォルダーにアクセス許可していない（アクセスできない）ことになります。

▶管理職用「00ADMIN」フォルダー

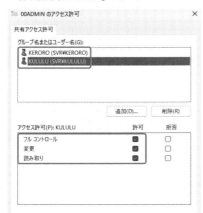

ユーザー	アクセス許可
KULULU	フルコントロール
KERORO	フルコントロール
GIRORO	アクセス不可
TAMAMA	アクセス不可

一般社員にはアクセスを許さない、社外秘用フォルダー。

▶一般社員用「01WORK」フォルダー

ユーザー	アクセス許可
KULULU	フルコントロール
KERORO	フルコントロール
GIRORO	フルコントロール
TAMAMA	フルコントロール

すべてのユーザーが読み書き可能。

Chapter
6

サーバーにセキュアな共有フォルダー環境を設定する

▶一般社員読み取り専用「02READ」フォルダー

ユーザー	アクセス許可
KULULU	フルコントロール
KERORO	フルコントロール
GIRORO	読み取り専用
TAMAMA	アクセス不可

管理職は読み書き可能、一般社員は読み取りのみ、アルバイトはアクセス不可。

サーバー PC が Windows 11で ある場合のユーザーアカウント作成 （サーバー設定）

Windows 11でユーザーアカウントを作成する際の注意点

　サーバー上で共有フォルダー管理を行う際、共有フォルダーのアクセス許可指定としてあらかじめ「ユーザーアカウント（共有フォルダーでアクセス許可指定するためのユーザーアカウント）」を用意しておく必要があります。

　なお、Windows 11をサーバーとして運用する場合、共有フォルダーでアクセス許可指定するためのユーザーアカウント作成として以下の点に注意する必要があります。

「ローカルアカウント」で作成する

　Windows 11では、ユーザーアカウント作成の際にサインインタイプとして「Microsoftアカウント」と「ローカルアカウント」の2種類から選択できますが、「共有フォルダーでアクセス許可指定するためのユーザーアカウント」であればあくまでも**「ローカルアカウント」で作成**します。

作成したユーザーアカウントは「標準ユーザー（アカウントの種類）」になる

　Windows 11では作成したユーザーアカウントは自動的に「標準ユーザー（アカウントの種類）」が割り当てられます（「管理者」にするには別手順が必要になる。P.190参照）。

「ユーザー名」は「現存するデスクトップにサインイン（ログオン）するためのユーザーアカウントのユーザー名」とは別の文字列にする（重要）

　ここで作成するユーザーアカウントは「共有フォルダーでアクセス許可指

定するためのユーザーアカウント」です。

　管理上の問題をなくすためにも、ローカルエリアネットワーク内に**現存す**
るデスクトップサインインアカウント（各クライアントのデスクトップにサ
インイン（ログオン）するためのユーザーアカウント）のユーザー名とは、
「完全に別の文字列のユーザー名」で「共有フォルダーでアクセス許可指定
するための専用ユーザーアカウント」を作成します。

■ パスワードは必ず設定する

　ネットワークにおいてパスワードを持たないユーザーは、共有フォルダー
でアクセス許可しても、実際には共有できない（共有が許可されない）仕様
です。よって、**ユーザーアカウントの作成時には必ずユーザー名に対して**
「パスワード」も設定するようにします。

共有フォルダーでアクセス許可するためのユーザーアカウント作成

　Windows 11でサーバー上の共有フォルダーでアクセス許可するための
「ユーザーアカウント」の作成を行うには、以下の手順に従います。なお、
Windows 11はアップグレードする仕様のため、詳細な操作手順は将来更新
（変更）される可能性があります。

❶「⚙設定」から「アカウント」－「その他のユーザー」と選択します。

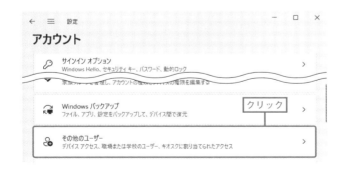

Chapter
6

サーバーにセキュアな共有フォルダー環境を設定する

❷「その他のユーザーを追加する」の「アカウントの追加」をクリックします。

❸「このユーザーはどのようにサインインしますか？」では、「このユーザーのサインイン情報がありません」をクリックします。

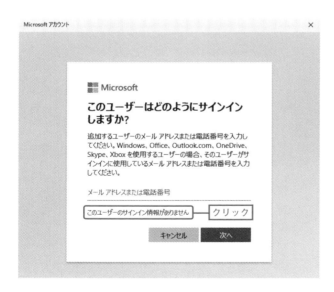

❹「アカウントの作成」では、「Microsoftアカウントを持たないユーザーを追加する」をクリックします。

❺ユーザー名やパスワードを任意に入力して、秘密の質問に任意に答えます。「次へ」をクリックします。なお、ユーザー名は日本語を利用せず「1バイト文字（英字）」で作成します（P.172参照）。また、秘密の質問に答えずにユーザーを追加したい場合には、「コンピューターの管理」を利用します（次ページ参照、上位エディションのみ）。

❻「他のユーザー」欄に作成した新しいユーザーアカウントが追加されます。

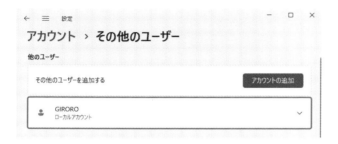

ユーザーアカウント（ローカルアカウント）を連続作成する（上位エディション）

「⚙設定」からのユーザーアカウント作成（ローカルアカウントの作成）はかなり遠回りな操作が必要で、サーバー上で複数の「共有フォルダーでアクセス許可するためのユーザーアカウント」を作成しなければならない場面で苦労しますが、Windows 11がPro ／ Enterprise ／ Educationなどの上位エディションであれば、ローカルアカウントを連続作成できます。

❶コントロールパネル（アイコン表示）から「Windowsツール」を選択します。「コンピューターの管理」を選択します。

❷「コンピューターの管理」のツリーから「システムツール」－「ローカル
ユーザーとグループ」－「ユーザー」と選択します。空欄を右クリックして、
ショートカットメニューから「新しいユーザー」を選択します。

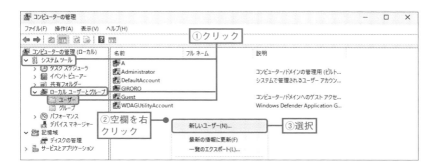

❸「ユーザーは次回ログオン時にパ
スワードの変更が必要」のチェック
を外します。

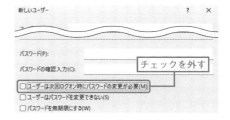

❹「ユーザー名」欄に共有フォル
ダーでアクセス許可するためのユー
ザーアカウント（ユーザー名、1バ
イト文字（英字））、「パスワード」
欄と「パスワードの確認入力」欄に
パスワードを入力して「作成」をク
リックします。

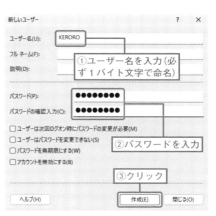

❺続けて新しいユーザーを作成でき
ます。

「アカウントの種類」を変更する（管理者／標準ユーザーの変更）

　作成したユーザーアカウントにおいて、ネットワーク管理者が利用するな
どの理由でユーザーアカウントの「アカウントの種類（P.171参照）」を変更
したい場合には、以下の手順に従います（通常は必要がない手順。リモートデ
スクトップ接続で利用するなど必然性がある場合のみ「管理者」を適用する）。

❶「⚙設定」から「ア
カウント」－「その他
のユーザー」と選択し
ます。

❷「他のユーザー」欄
にある任意のアカウン
トをクリックののち、
「アカウントの種類の
変更」をクリックしま
す。

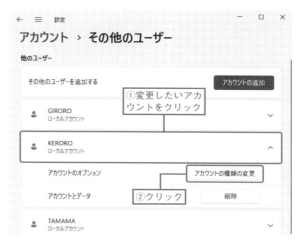

❸「アカウントの種類」のドロップダウンから、任意のアカウントの種類を
選択します。「OK」をクリックします。

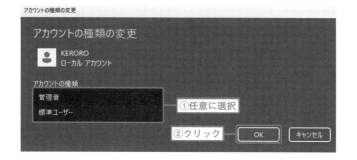

アカウントの一覧で確認する方法

作成したアカウントを一覧で確認したい場合には、以下の手順に従います。

❶コントロールパネル（アイコン表示）から「ユーザーアカウント」を選択します。「別のアカウントの管理」をクリックします。

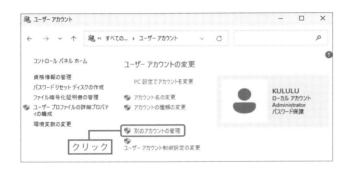

❷現在該当PC上で有効なアカウントを一覧で確認できます。

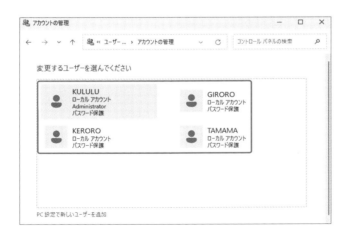

6-5 サーバー PC が Windows 10である場合のユーザーアカウント作成（サーバー設定）

Windows 10でユーザーアカウントを作成する際の注意点

サーバー上で共有フォルダー管理を行う際、共有フォルダーのアクセス許可指定としてあらかじめ「ユーザーアカウント（共有フォルダーでアクセス許可指定するためのユーザーアカウント）」を用意しておく必要があります。

なお、Windows 10をサーバーとして運用する場合、共有フォルダーでアクセス許可指定するためのユーザーアカウント作成として以下の点に注意する必要があります。

「ローカルアカウント」で作成する

Windows 10では、ユーザーアカウント作成の際にサインインタイプとして「Microsoftアカウント」と「ローカルアカウント」の2種類から選択できますが、「共有フォルダーでアクセス許可指定するためのユーザーアカウント」であればあくまでも**「ローカルアカウント」で作成**します。

作成したユーザーアカウントは「標準ユーザー（アカウントの種類）」になる

Windows 10では作成したユーザーアカウントは自動的に「標準ユーザー（アカウントの種類）」が割り当てられます（「管理者」にするには別手順が必要になる。P.199参照）。

「ユーザー名」は「現存するデスクトップにサインイン（ログオン）するためのユーザーアカウントのユーザー名」とは別の文字列にする（重要）

ここで作成するユーザーアカウントは「共有フォルダーでアクセス許可指

定するためのユーザーアカウント」です。

　管理上の問題をなくすためにも、ローカルエリアネットワーク内に**現存す**
るデスクトップサインインアカウントのユーザー名とは、「完全に別の文字
列のユーザー名」で「共有フォルダーでアクセス許可指定するための専用
ユーザーアカウント」を作成します。

■ パスワードは必ず設定する

　ネットワークにおいてパスワードを持たないユーザーは、共有フォルダー
でアクセス許可しても、実際には共有できない（共有が許可されない）仕様
です。よって、**ユーザーアカウントの作成時には必ずユーザー名に対して**
「パスワード」も設定するようにします。

共有フォルダーでアクセス許可するためのユーザーアカウント作成

　Windows 10でサーバー上の共有フォルダーでアクセス許可するための
「ユーザーアカウント」の作成を行うには、以下の手順に従います。なお、
Windows 10はアップグレードする仕様のため、詳細な操作手順は将来更新
（変更）される可能性があります。

❶「⚙設定」から「ア
カウント」－「家族と
その他のユーザー」と
選択して、「他のユー
ザー」欄にある「その
他のユーザーをこの
PCに追加」をクリッ
クします。

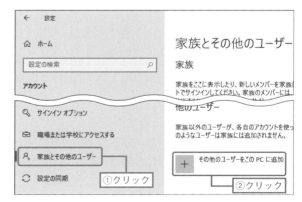

❷「このユーザーはどのようにサインインしますか？」では、「このユーザーのサインイン情報がありません」をクリックします。

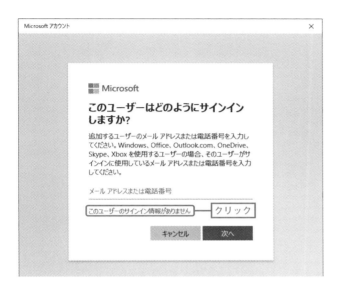

❸「アカウントの作成」では、「Microsoft アカウントを持たないユーザーを追加する」をクリックします。

❹ユーザー名やパ
スワードを任意に
入力して、秘密の
質問に任意に答え
ます。「次へ」を
クリックします。
なお、ユーザー名
は日本語を利用せ
ず「1バイト文字
（英字）」で作成し
ます（P.172参照）。
また、秘密の質問
に答えずにユー
ザーを追加したい

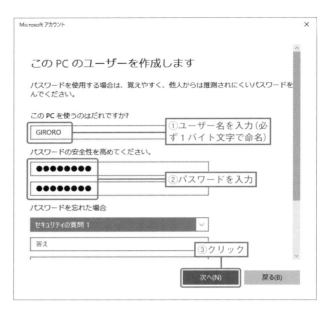

場合には、「コンピューターの管理」を利用します（次ページ参照、上位エ
ディションのみ）。

❺「他のユーザー」欄に作成した新しいユーザーアカウントが追加されます。

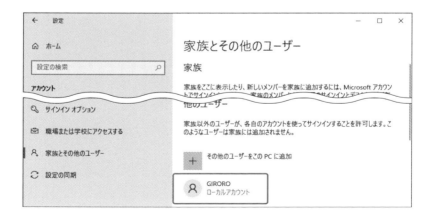

ユーザーアカウント (ローカルアカウント) を連続作成する (上位エディション)

「⚙設定」からのユーザーアカウント作成 (ローカルアカウントの作成) はかなり遠回りな操作が必要で、サーバー上で複数の「共有フォルダーでアクセス許可するためのユーザーアカウント」を作成しなければならない場面で苦労しますが、Windows 10がPro / Enterprise / Educationなどの上位エディションであれば、ローカルアカウントを連続作成できます。

❶コントロールパネル (アイコン表示) から「管理ツール」を選択します。「コンピューターの管理」を選択します。

❷「コンピューターの管理」のツリーから「システムツール」-「ローカルユーザーとグループ」-「ユーザー」と選択します。空欄を右クリックして、ショートカットメニューから「新しいユーザー」を選択します。

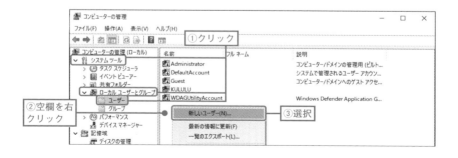

Chapter
6

サーバーにセキュアな共有フォルダー
環境を設定する

❸「ユーザーは次回ログオン時にパスワードの変更が必要」のチェックを外します。

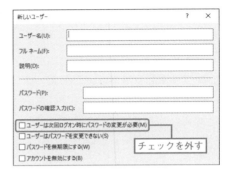

❹「ユーザー名」欄に共有フォルダーでアクセス許可するためのユーザーアカウント（ユーザー名、1バイト文字（英字））、「パスワード」欄と「パスワードの確認入力」欄にパスワードを入力して「作成」をクリックします。

❺続けて新しいユーザーを作成できます。

「アカウントの種類」を変更する（管理者／標準ユーザーの変更）

作成したユーザーアカウントにおいて、ネットワーク管理者が利用するなどの理由でユーザーアカウントの「アカウントの種類（P.171参照）」を変更したい場合には、以下の手順に従います（通常は必要がない手順、リモートデスクトップ接続で利用するなど必然性がある場合のみ「管理者」を適用する）。

❶「 ❖ 設定」から「アカウント」－「家族とその他のユーザー」と選択します。「他のユーザー」欄にある任意のアカウントをクリックします。

❷「アカウントの種類の変更」をクリックします。

❸「アカウント
の種類」のド
ロップダウンか
ら、任意のアカ
ウントの種類を
選択します。
「OK」をクリッ
クします。

アカウントの一覧で確認する方法

作成したアカウントを一覧で確認したい場合には、以下の手順に従います。

❶コントロールパネ
ル（アイコン表示）
から「ユーザーアカ
ウント」を選択しま
す。「別のアカウン
トの管理」をクリッ
クします。

❷現在該当PC上で
有効なアカウントを
一覧で確認できま
す。

Chapter
1

Chapter
2

Chapter
3

Chapter
4

Chapter
5

Chapter
6

Chapter
7

Chapter
8

Appendix

Chapter 7

クライアントから
サーバーにアクセスする

7-1 クライアントから サーバーへのアクセス

クライアントからサーバーへのアクセス手段

　クライアントからサーバーへアクセスする手段には、さまざまな方法があります。オフィスでの運用を考えると、理想は「資格情報マネージャーによる認証（7-3参照）」と「バッチファイルによる共有フォルダーへのドライブ名の自動割り当て（7-6参照）」の組み合わせなのですが、これを実現するには順を追ってネットワークアクセスの基本と応用を知る必要があります。

　クライアントからサーバーの共有フォルダーへのアクセス方法には、以下のようなバリエーションとテクニックがあります。

エクスプローラーのネットワークからのアクセス

　エクスプローラーのナビゲーションウィンドウにある「ネットワーク」に表示されているサーバーに該当するコンピューター名から、共有フォルダーをダブルクリックして開く方法です。

　最も簡単な方法ですが、環境によってサーバーにたどり着くまでにかなり時間を要するほか（サーバーがリストアップされるまで時間がかかる場合や設定によっては表示されないこともある）、ローカルエリアネットワーク上のPCを列記してしまうため、オペレーターから見ると間違えが起こりやすいアクセス方法です。

▶エクスプローラーから共有フォルダーへのアクセス

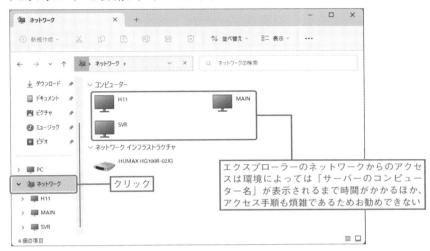

エクスプローラーのネットワークからのアクセスは環境によっては「サーバーのコンピューター名」が表示されるまで時間がかかるほか、アクセス手順も煩雑であるためお勧めできない

手動で共有フォルダーにドライブ名を割り当ててアクセス

　手動で任意のドライブ名にサーバーの「共有フォルダー」を割り当て、以後ローカルドライブと同様に操作できる環境にするアクセス方法です（7-2参照）。本書ではこの手順を共有フォルダーへのアクセス方法の基本とします。

▶ドライブ名を割り当ててアクセス

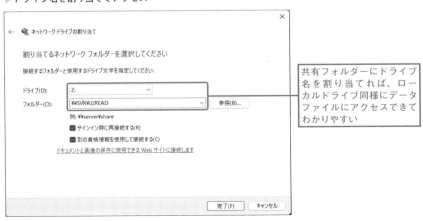

共有フォルダーにドライブ名を割り当てれば、ローカルドライブ同様にデータファイルにアクセスできてわかりやすい

資格情報マネージャーによる認証

共有フォルダーにアクセスする際に認証として「ユーザー名とパスワード」の入力が必要になりますが、**「資格情報マネージャー」を利用して、サーバーにアクセスするためのユーザー名とパスワードを登録しておくことにより認証作業を自動化できます**（7-3参照）。

▶資格情報を保存してアクセスを容易にする

資格情報を保存しておくことにより共有フォルダーへのアクセスに必要な「ユーザー名とパスワードの入力」を自動化できる。

バッチファイルによる共有フォルダーへのドライブ名の自動割り当て

デスクトップにサインイン（ログオン）時に自動的にバッチファイル（コマンド）を実行して、各共有フォルダーに固定のドライブ名を割り当てます（7-6参照）。

これにより、**ネットワークを全く理解できないオペレーターでもローカルドライブ同様に共有フォルダーを扱うことができる**ようになります。

ITスキルが各ユーザーばらばらのオフィス環境において、最も理想的な共有フォルダーへのアクセス方法になります。

▶バッチファイルで共有フォルダーにアクセス

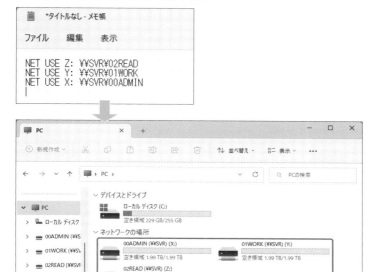

指定ドライブに対しての共有フォルダー割り当てを完全自動化できる。

ネットワークアクセスの基本

クライアントからネットワーク経由でサーバーへアクセスする際には、「サーバーのコンピューター名」と「共有フォルダーの共有名」を指定しますが、この**共有フォルダーへのアクセス指定には、「UNC（Universal Naming Convention）」を利用**します。

「UNC」におけるネットワーク先の共有フォルダーの指定は、以下のような書式になります。

▶UNC（Universal Naming Convention）の書式

¥¥［コンピューター名］¥［共有名］

例えばサーバーのコンピューター名が「SVR」、共有名が「02READ」だ
とすれば、ネットワークにアクセスする際の指定は「¥¥SVR¥02READ」と
入力します。これは、すべてのネットワークアクセスにおいて共通の指定方
法です。

▶ネットワークロケーションの指定「UNC」

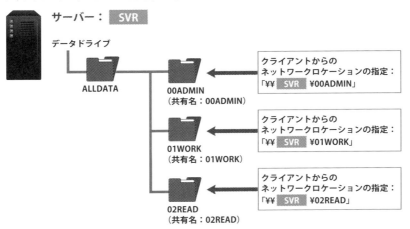

7-2 共有フォルダーにドライブ名を割り当ててアクセス

Windows 11から共有フォルダーにドライブ名を割り当ててアクセスする

「Windows 11クライアント」から、サーバーの共有フォルダーに「ドライブ名」を割り当ててアクセスしたい場合には、以下の手順に従います。

なお、ここではネットワークアクセス手順として手動による設定を解説していますが、後に解説する「資格情報（7-3参照）」と「バッチファイル（7-6参照）」を組み合わせることにより、完全に自動化することも可能です。

❶ [⊞] + [E] キーでエクスプローラーを起動して、ナビゲーションウィンドウから「PC」を選択します。「…」をクリックして、「ネットワークドライブの割り当て」を選択します。なお、「ネットワークドライブの割り当て」が表示されない場合にはP.209のコラムを参照してください。

❷「ドライブ」欄から割り当てたい任意のドライブ名を選択します。「フォルダー」欄にはUNCを入力します。例えばサーバーのコンピューター名が

「SVR」で共有名が「01WORK」であれば、「フォルダー」欄には「¥¥SVR¥01WORK」と入力します。「別の資格情報を使用して接続する」をチェックして、「完了」をクリックします。

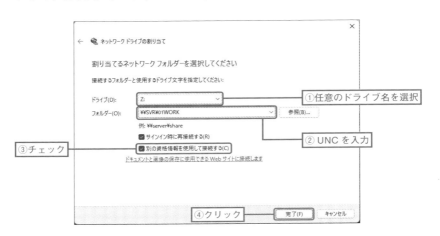

❸「Windowsセキュリティ」が表示され、ユーザー名とパスワード入力が求められます。サーバーの共有フォルダーにアクセス許可されたユーザー名とパスワードを入力します。指定サーバーに対して恒久的に入力したユーザー名とパスワードを利用する場合には、「資格情報を記憶する」をチェックして、「OK」をクリックします（「資格情報」の管理については、7-4参照）。

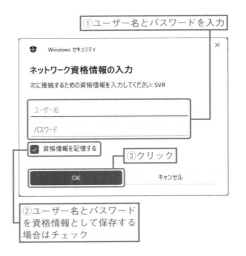

❹ ド ラ イ ブ に 「共 有 フ ォ ル
ダー」が割り当てられ、以後共
有 フ ォ ル ダ ー を ロ ー カ ル ド ラ
イ ブ 同 様 に 利 用 で き ま す。な
お、共有フォルダーにおけるア
ク セ ス レ ベ ル (「読 み 書 き」で
き る か 「読 み 込 み」 の み か) は、
「サ ー バ ー に お け る 共 有 フ ォ ル
ダー の 設定」 に 従 い ま す。

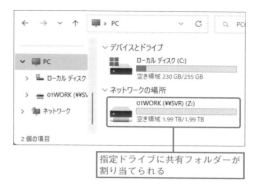

指定ドライブに共有フォルダーが
割り当てられる

Column 「ネットワークドライブの割り当て」が表示されない場合には

エクスプローラーから「PC」を選択してから手順に従っても「ネットワークド
ライブの割り当て」が表示されない問題が起こることがあります。このような場
合には、ナビゲーションペインの「PC」を右クリックして表示するか、それでも
表示されない場合には、ショートカットメニューから「その他のオプションを表
示」を選択してからアクセスします。

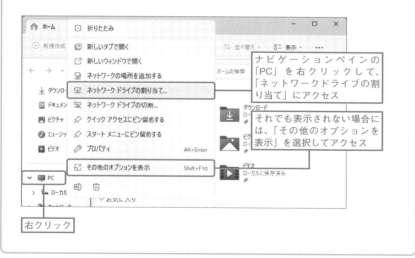

ナビ ゲ ー シ ョ ン ペ イ ン の
「PC」 を 右 ク リ ッ ク し て、
「ネットワークドライブの割
り当て」にアクセス

それでも表示されない場合に
は、「その他のオプションを
表示」を選択してアクセス

右クリック

Windows 10から共有フォルダーにドライブ名を割り当ててアクセスする

「Windows 10クライアント」から、サーバーの共有フォルダーに「ドライブ名」を割り当ててアクセスしたい場合には、以下の手順に従います。

なお、ここではネットワークアクセス手順として手動による設定を解説していますが、後に解説する「資格情報（7-3参照）」と「バッチファイル（7-6参照）」を組み合わせることにより、完全に自動化することも可能です。

❶ ⊞ ＋ E キーでエクスプローラーを起動して、ナビゲーションウィンドウから「PC」を選択します。「コンピューター」タブの「ネットワーク」内、「ネットワークドライブの割り当て」をクリックします。

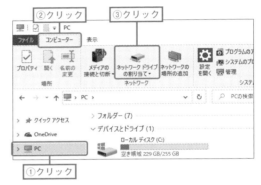

❷「ドライブ」欄から割り当てたい任意のドライブ名を選択します。「フォルダー」欄にはUNCを入力します。例えばサーバーのコンピューター名が「SVR」で共有名が「01WORK」であれば、「フォルダー」欄には「¥¥SVR¥01WORK」と入力します。「別の資格情報を使用して接続する」をチェックして、「完了」をクリックします。

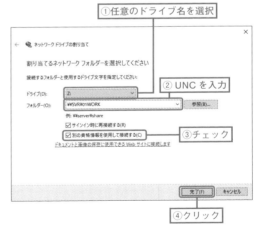

❸「Windows セキュリティ」が表
示され、ユーザー名とパスワード入
力が求められます。サーバーの共有
フォルダーにアクセス許可された
ユーザー名とパスワードを入力し
ます。指定サーバーに対して恒久
的に入力したユーザー名とパス
ワードを利用する場合には、「資格
情報を記憶する」をチェックして、
「OK」をクリックします(「資格情
報」の管理については、7-5参照)。

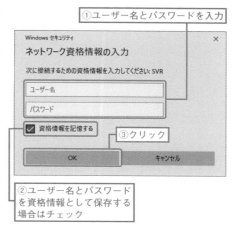

❹ドライブに「共有フォルダー」が割り当てられ、以後共有フォルダーを
ローカルドライブ同様に利用できます。なお、共有フォルダーにおけるアク
セスレベル(「読み書き」できるか「読み込み」のみか)は、「サーバーにお
ける共有フォルダーの設定」に従います。

ドライブ名を割り当てた共有フォルダーを切断（解除）するには

　ドライブ名を割り当てた共有フォルダーを解除したい場合には、以下の手順に従います（Windows 11 ／ 10共通手順）。

❶エクスプローラーから、共有フォルダーを割り当てたドライブを右クリックして、ショートカットメニューから「切断」を選択します。

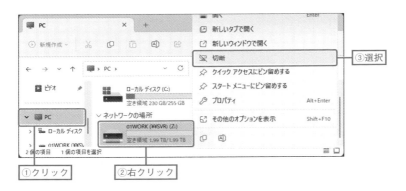

❷ドライブに割り当てられた共有フォルダーが解除されます。

7-3 共有フォルダーにアクセスする際のユーザー名とパスワードの入力を自動化する「資格情報」

ユーザー名とパスワードを入力せずに共有フォルダーにアクセスする方法

そもそもクライアントからサーバーの共有フォルダーにアクセスする際、なぜ「ユーザー名」と「パスワード」の入力を行うのでしょうか？

それは「共有フォルダー」に対してユーザーごとにアクセスレベルを分けられるようにするため、つまりは各ユーザーに対して必要なアクセス以外を許さない設定です。

逆にいえば、デスクトップサインインアカウント（各クライアントのデスクトップにサインイン（ログオン）するためのユーザーアカウント）をきちんと使い分けているのであれば、**各デスクトップサインインアカウントに「共有フォルダーにアクセスするための『ユーザー名』と『パスワード』」を保存することでセキュアな自動認証が実現**できます。

該当共有フォルダーに許可された人が、毎回同じパスワードを打つというのはある意味非効率であるため（そしてセキュリティ的にもパスワード漏えいの可能性が高いため）、デスクトップサインインアカウントの使い分けは必須といえます。

サーバーへの認証情報を登録できる「資格情報」

Windowsでは、サーバーにアクセスする際の「ユーザー名」と「パスワード」を保存しておく資格情報管理機能として「資格情報マネージャー」があります。

「資格情報マネージャー」の資格情報に「対象アドレス（サーバーのコン

Chapter 7 クライアントからサーバーにアクセスする

ピューター名）」「対象アドレスに対するユーザー名」「ユーザー名に対する
パスワード」を保存しておけば、以後認証作業を自動化できるのです。

▶ 資格情報マネージャーで管理できるサーバーへのアクセス認証

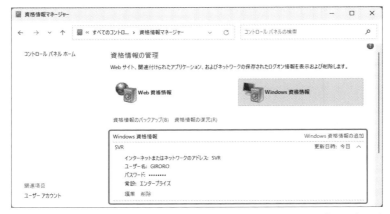

「資格情報マネージャー」の資格情報には、サーバーにアクセスする際の「ユーザー名」
「パスワード」を保存できる。

▶ 資格情報の管理

Windows 11	7-4参照
Windows 10	7-5参照

「資格情報」を利用するための条件

　「資格情報」は機能としてはどのWindowsクライアントでも利用できます
が、注意したいのは「資格情報を用いれば自動認証ができる」という事実は、
**乱用してしまうと「許可されたもの以外が共有フォルダーにアクセスできて
しまう」という危険な状態になり得る**ということです（そもそも、共有フォ
ルダー管理においてユーザーごとにアクセスレベルを可変させている意味が
なくなってしまう）。

　具体的には、以下の項目を満たしている環境が、資格情報を利用して認証
作業を自動化してよい環境ということになります。

▶セキュリティを保ちつつ資格情報を利用する条件

デスクトップにサインイン（ログオン）するユーザーアカウントの管理	1人に1台のPCを割り当て、各ユーザーが自分のPCを利用することが理想。あるいはPCで作業する際にデスクトップサインインアカウントを使い分ける
退席時の「ロック」	PCのデスクトップを他者に直接操作されてしまえばサーバーにアクセス可能であるため、必ず離席時に「デスクトップのロック」を行う

セキュリティを格段に高められる「資格情報」の応用

　セキュリティをどこまで追求するかは社内の考え方、管理体制や人数、またネットワーク管理者が管理できる範囲にもよりますが、クライアントの「資格情報」設定は社内の各ユーザーに任せず（共有フォルダーにアクセスするための「ユーザー名」と「パスワード」をいっさい人に伝えず）、すべてクライアント上で「ネットワーク管理者」が設定を行うようにすると、格段にセキュリティを向上させることができます。

　これはいわゆる「サーバーにアクセスする手段」である「ユーザー名のパスワード」を人に伝えずに、共有フォルダーへのアクセスを許可＆管理できるからです。

　ちなみに「資格情報」に保存した内容は、後に編集できますが、この際「パスワード」は表示されない仕組みであるため、つまりはパスワードを知られないままサーバーへのアクセス許可／制限を行えます。

▶資格情報の編集ではパスワードは確認できない

「資格情報」に保存したサーバーへのアクセス手段は後に編集することも可能だが、編集時にパスワードはマスクされるため、つまり編集を行ってもパスワードがわからない（設定時にパスワードを入力したネットワーク管理者にしかわからない）構造にある。

Windows 11 での資格情報管理

Windows 11 での「資格情報」管理の手順

Windows 11 で「資格情報（サーバーにアクセスするための「ユーザー名」と「パスワード」の組み合わせ）」を管理したい場合には、以下の手順に従います。

❶コントロールパネル（アイコン表示）から「資格情報マネージャー」を選択します。「資格情報マネージャー」から「Windows資格情報」を選択します。「Windows資格情報」欄で、保存された資格情報を確認できます。

❷保存されている資格情報を確認したい場合には、該当サーバー名の「∨」をクリックします。資格情報の対象となる「サーバー（アクセス先のアドレ

スになるコンピューター名）」や「ユーザー名」などを確認できます（なお、パスワードはセキュリティ上、文字列としては確認できない）。

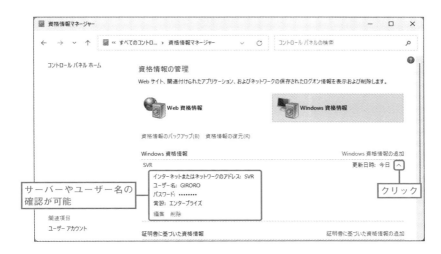

サーバーやユーザー名の確認が可能

資格情報の追加

共有フォルダーにアクセスするための「資格情報（サーバーにアクセスするための「ユーザー名」と「パスワード」の組み合わせ）」を登録したい場合には、共有フォルダーにアクセスする際に「Windowsセキュリティ」で登録する方法と、「資格情報マネージャー」で手動で追加する方法があります。

登録としては、「Windowsセキュリティ」からの設定のほうがわかりやすくなります。

なお、「資格情報」は現在デスクトップにサインイン（ログオン）しているユーザーアカウントに保存されるため、クライアントにおいてデスクトップサインインアカウントごとに許可すべき「サーバーの共有フォルダーにアクセス許可されたユーザー名とパスワード」を指定して保存する必要があります。

■「Windows セキュリティ」で資格情報を追加する

❶「共有フォルダーにドライブ名
を割り当ててアクセス（P.207参
照）」を実行します。「Windows セ
キュリティ」で、共有フォルダー
にアクセスするためのユーザー名
とパスワードを入力ののち「資格
情報を記憶する」をチェックした
うえで、「OK」をクリックします。

❷「資格情報マネージャー（P.216
参照）」から「Windows資格情報」
を選択します。「Windows セキュ
リティ」で設定した資格情報が保
存されています。以後、このサー
バーに対する認証は登録した資格
情報に従い自動認証されます。

■「資格情報」を新規追加する

❶「資格情報マネージャー（P.216
参照）」から「Windows資格情報」
を選択して、「Windows資格情報
の追加」をクリックします。

❷「インターネットまたはネットワークのアドレス」欄にサーバーのコンピューター名を入力します。「ユーザー名」欄と「パスワード」欄に現在のデスクトップサインインアカウントに対して許可したいアクセスレベルに従ったユーザー名とパスワードを入力して「OK」をクリックします。

▶ 資格情報の設定

インターネットまたは ネットワークのアドレス	サーバーのコンピューター名を入力
ユーザー名	共有フォルダーでアクセス許可されているユーザー名。なお、ユーザー名指定のみでうまくいかない場合には、「[コンピューター名] ¥ [共有フォルダーでアクセス許可されているユーザー名]」の形で入力
パスワード	共有フォルダーでアクセス許可されているユーザー名のパスワードを入力

❸ サーバーへのアクセスに利用するユーザー名とパスワードの情報が保存されます。なお追加した資格情報を、現在デスクトップにサインイン（ログオン）しているユーザーアカウントに確実に反映させたい場合には、一度サインアウトしてからサインインしなおします。

資格情報の編集／削除

「資格情報」は任意に編集／削除することも可能です。

特に資格情報の「削除」は、資格情報全般の管理をやり直したい場合などに有効です。

なお編集／削除した資格情報の内容を、現在デスクトップにサインイン（ログオン）しているユーザーアカウントに確実に反映させたい場合には、一度サインアウトしてからサインインしなおします。

資格情報の編集

❶「資格情報マネージャー」の「Windows資格情報」内、該当サーバー名の「∨」をクリックして、さらに「編集」をクリックします。

❷該当の資格情報を任意に編集して、「保存」をクリックします。

資格情報の削除

❶「資格情報マネージャー」の「Windows資格情報」内、該当サーバー名の「∨」をクリックして、さらに「削除」をクリックします。

❷内容を確認して「はい」をクリックします。

Windows 10での資格情報管理

Windows 10での「資格情報」管理の手順

Windows 10で「資格情報（サーバーにアクセスするための「ユーザー名」と
「パスワード」の組み合わせ）」を管理したい場合には、以下の手順に従います。

❶コントロールパネル（アイコン表示）から「資格情報マネージャー」を選択し
ます。「資格情報マネージャー」から「Windows資格情報」を選択します。
「Windows資格情報」欄で、保存された資格情報を確認できます。

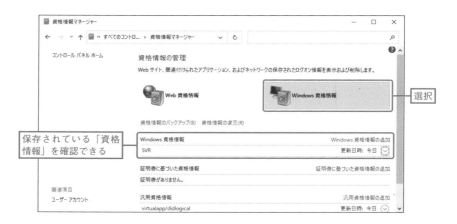

❷保存されている資格情報を確認したい場合には、該当サーバー名の「∨」
をクリックします。資格情報の対象となる「サーバー（アクセス先のアドレ
スになるコンピューター名）」や「ユーザー名」などを確認できます（なお、
パスワードはセキュリティ上、文字列としては確認できない）。

サーバーやユーザー名の
確認が可能

クリック

資格情報の追加

共有フォルダーにアクセスするための「資格情報（サーバーにアクセスするための「ユーザー名」と「パスワード」の組み合わせ）」を登録したい場合には、共有フォルダーにアクセスする際に「Windowsセキュリティ」で登録する方法と、「資格情報マネージャー」で手動で追加する方法があります。

登録としては、「Windowsセキュリティ」からの設定のほうがわかりやすくなります。

なお、「資格情報」は現在デスクトップにサインイン（ログオン）しているユーザーアカウントに保存されるため、クライアントにおいてデスクトップサインインアカウントごとに許可すべき「サーバーの共有フォルダーにアクセス許可されたユーザー名とパスワード」を指定して保存する必要があります。

「Windowsセキュリティ」で資格情報を追加する

❶「共有フォルダーにドライブ名を割り当ててアクセス（P.210参照）」を実行します。「Windowsセキュリティ」で、共有フォルダーにアクセスするためのユーザー名とパスワードを入力ののち「資格

①ユーザー名とパスワードを入力

②チェック

③クリック

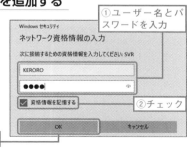

クライアントからサーバーにアクセスする

情報を記憶する」をチェックしたうえで、「OK」をクリックします。

❷「資格情報マネージャー（P.222
参照）」から「Windows資格情報」
を選択します。「Windowsセキュ
リティ」で設定した資格情報が保
存されています。以後、このサー
バーに対する認証は登録した資格
情報に従い自動認証されます。

「資格情報」を新規追加する

❶「資格情報マネージャー（P.222
参照）」から「Windows資格情報」
を選択して、「Windows資格情報
の追加」をクリックします。

❷「インターネットまたはネットワークのアドレス」欄にサーバーのコン
ピューター名を入力します。「ユーザー名」欄と「パスワード」欄に現在の
デスクトップサインインアカウントに対して許可したいアクセスレベルに
従ったユーザー名とパスワードを入力して「OK」をクリックします。

▶資格情報の設定

インターネットまたは ネットワークのアドレス	サーバーのコンピューター名を入力
ユーザー名	共有フォルダーでアクセス許可されているユーザー名。なお、ユーザー名指定のみでうまくいかない場合には、「[コンピューター名]¥[共有フォルダーでアクセス許可されているユーザー名]」の形で入力
パスワード	共有フォルダーでアクセス許可されているユーザー名のパスワードを入力

❸サーバーへのアクセスに利用するユーザー名とパスワードの情報が保存されます。なお追加した資格情報を、現在デスクトップにサインイン（ログオン）しているユーザーアカウントに確実に反映させたい場合には、一度サインアウトしてからサインインしなおします。

資格情報の編集／削除

「資格情報」は任意に編集／削除することも可能です。

特に資格情報の「削除」は、資格情報全般の管理をやり直したい場合などに有効です。

なお編集／削除した資格情報の内容を、現在デスクトップにサインイン（ログオン）しているユーザーアカウントに確実に反映させたい場合には、一度サインアウトしてからサインインしなおします。

資格情報の編集

❶「資格情報マネージャー」の「Windows資格情報」内、該当サーバー名の「∨」をクリックして、さらに「編集」をクリックします。

❷該当の資格情報を任意に編集して、「保存」をクリックします。

資格情報の削除

❶「資格情報マネージャー」の「Windows資格情報」内、該当サーバー名の「∨」をクリックして、さらに「削除」をクリックします。

❷内容を確認して「はい」をクリックします。

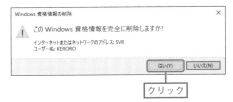

7-6 ネットワークコマンドによるドライブ名の割り当て／オペレーターにネットワークを意識させない管理

オペレーターにネットワーク先のファイルであることを意識させない管理

サーバーの共有フォルダーへのアクセスは、ネットワーク管理者にとっては理解できるものであっても、オペレーターにはわかりにくいものです。

作業に集中したいオペレーターにとって、「データファイルは実はネットワークの先にあるサーバーというPCで管理しているからうんぬん……」などと意識をさせるだけでも作業にマイナスであり、人によっては混乱してしまうという場合もあるでしょう。

そこで導入したいテクニックが**「クライアント上で自動的に任意のドライブ名に指定共有フォルダーを割り当てる」ための「バッチファイル」**です。

バッチファイルとはコマンドを連続実行できる実行ファイルですが、ここに各ドライブ名に共有フォルダーを割り当てるコマンドを列記しておくことで、**オペレーターが面倒くさいUNCを入力してドライブ名を割り当てることなく、決められたドライブ名で指定の共有フォルダーにアクセスできるの**です。

なお、このテクニックを利用するには、あらかじめ「資格情報（7-3参照）」を設定しておく必要があります。

Chapter
7

クライアントからサーバーにアクセスする

▶ネットワークドライブの割り当てを人任せにすると……

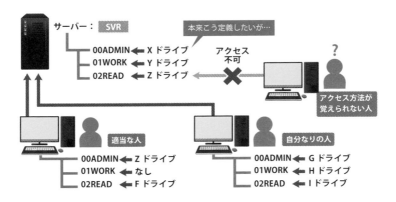

▶PC起動時に機械的に「バッチファイル」で共有フォルダーを定義する

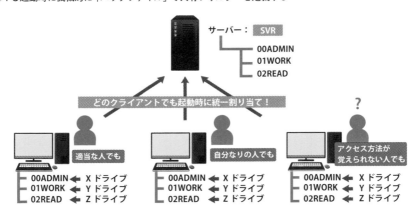

▶バッチファイルなら固定ドライブに共有フォルダーを定義できる

Z ドライブ	→	02READ
Y ドライブ	→	01WORK
X ドライブ	→	00ADMIN

コマンドプロンプトの起動／「NET USE」コマンドを知る

　バッチファイルを作成するには、まずバッチファイルの中に記述する「コマンド」を知らなければなりません。

　「ネットワークに接続したい」という目的では、「NET USE」というコマンドを使います。

　コマンドの確認は「コマンドプロンプト」あるいは「ターミナル」「Windows PowerShell」で行います（P.114、P.120参照）。

❶ショートカットキー ⊞ ＋ R キーを入力して「ファイル名を指定して実行」から「CMD」と入力して Enter キーを押して「コマンドプロンプト」を起動します。あるいは ⊞ ＋ X → I キーで「ターミナル」「Windows PowerShell」を起動します。

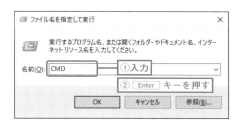

❷コマンドプロンプトで「NET USE / ?」と入力して Enter キーを押します。「/ ?」は、コマンドのヘルプを表示するオプションです。

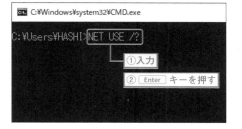

❸「ドライブ名に共有フォルダー
を割り当てる」という目的であれ
ば、以下の構文であることがわか
ります。なお、ユーザー名やパス
ワードの指定は「資格情報（7-3参
照）」で管理するのが基本になりま
す（コマンドで指定するとセキュ
アではなくなってしまうため）。

▶「NET USE」コマンドを利用して共有フォルダーにドライブを割り当てる

NET USE ［ドライブ名］　¥¥ ［コンピューター名］ ¥ ［共有名］

❹ Windowsのバージョンによっては、「¥」が「\（バックスラッシュ）」に置き換
えられた表示になりますが、表示の違いだけで内部的には同じ意味になります
（表示が「\」に置き換えられている場合、キーボードの「¥」で「\」入力になる）。

```
NET USE
[devicename | *] [¥¥computername¥sharename[¥volume] [password | *]]
        [/USER:[domainname¥]username]
        [/USER:[dotted domain name¥]username]
```

```
NET USE
[devicename | *] [\\computername\sharename[\volume] [password | *]]
        [/USER:[domainname\]username]
        [/USER:[dotted domain name\]username]
```

Windows のバージョンによっては「¥」が「\」に
置き換えられて表示されるが、同じ意味になる

コマンドを利用してネットワークに接続する

　「NET USE」コマンドを利用して、サーバーの共有フォルダーにドライブ
を割り当ててみましょう。ここでは例として「Z」ドライブに、コンピュー

ター名「SVR」の共有フォルダー「02READ」を割り当ててみます。

コマンドを実行後、きちんと共有フォルダーにドライブ名が割り当てられているか、エクスプローラーで確認します。

❶ コマンドプロンプトで「NET USE Z: ¥¥SVR¥02READ」と入力して Enter キーを押します。「コマンドは正常に終了しました」と表示されます。

❷ エクスプローラー上の「Z」ドライブに指定の共有フォルダーが割り当てられます。

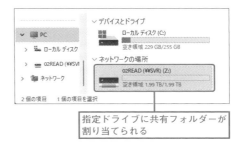

指定ドライブに共有フォルダーが割り当てられる

バッチファイルの作成

バッチファイルは、「コマンドを並べたテキストファイル」で、テキストエディター上でコマンドを並べるだけの簡単な構造です。

作成は使い慣れたテキストエディターがあればそれを利用するとよいのですが、特にテキストエディターを利用していない環境では「メモ帳」を利用するとよいでしょう。

なお、バッチファイルの拡張子は「BAT」なので、保存時に「[ファイル名].BAT」という形で、必ず「.BAT」を自ら入力してください。

❶［スタート］メニューから「メモ帳」を起動します。または、ショートカットキー ⊞ ＋ R キーを入力して「ファイル名を指定して実行」を表示します。「ファイル名を指定して実行」から「NOTEPAD」と入力して Enter キーを押しても起動できます。

❷メモ帳で1行ずつコマンドを列記していきます。コマンドプロンプトでは、コマンド実行に Enter キーを押しましたが、これはメモ帳上の「改行」にあたります。最後のコマンドを記述後も、しっかり最終行に Enter キーを入力します。

❸バッチファイルはコマンド実行が終了するとコマンドプロンプトウィンドウが自動的に閉じてしまいます。初期動作確認において、バッチファイルの実行内容（正常性）を確認したい場合には、最終行に「PAUSE」コマンドを記述してください（最終的には必要のないコマンドで、あくまでもコマンド実行の正常性を確認するための記述）。

❹コマンドの記述が終わったら、ファイルに保存します。テキストファイルをバッチファイルとして認識させるには、ファイルの拡張子を「TXT」ではなく「BAT」にする必要があります。ここではデスクトップ上に「ACC.BAT」というファイル名で保存します。メニューバーから、「ファイル」ー「名前を付けて保存」を選択して、保存ダイアログで「デスクトップ」を指定したうえで、ファイル名「ACC.BAT」で保存します。

バッチファイルを実行する

　先に保存したバッチファイル（例に従った場合には「ACC.BAT」）をダブルクリックして実行します。

　きちんと各ドライブにサーバーの共有フォルダーが割り当てられれば、コマンド記述が正しいことが確認できます。

　なお、本節の最初にも述べましたが、このコマンドはクライアントにおいてデスクトップにサインイン（ログオン）しているユーザーアカウントに適合した「資格情報」をあらかじめ設定していることが前提になります（7-3参照）。

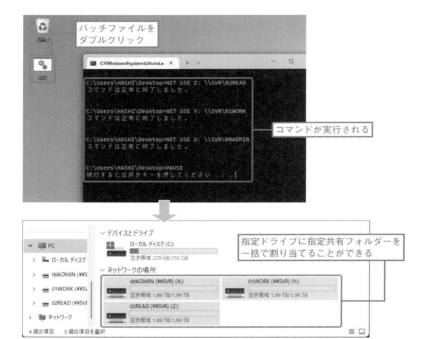

「ACC.BAT」を実行。バッチファイルにより、サーバーの共有フォルダーにドライ
ブ名を一括で割り当てられる。

ドライブを確実に割り当てるためのバッチファイルの改造

　先に作成したバッチファイルは、バッチファイルを実行する前にあらかじ
めドライブ名に別の共有フォルダーが割り当てられていることを想定してい
ません。

　割り当てようとしているドライブ名に（Zドライブなど）、既に共有フォル
ダーが割り当てられている場合、割り当てが実行できないのです。

　この問題を解決するために、「共有解除」コマンドをあらかじめ実行する
ようにバッチファイルに追加します。

　共有解除コマンドは、以下のような構文になります。

▶ドライブに割り当てられた共有フォルダーを解除するコマンド

NET USE [ドライブ名] /DELETE

あらかじめ割り当てたいドライブ名が他の共有フォルダーなどに割り当てられていると、「ローカルデバイス名は既に使用されています」というメッセージが表示され、割り当てを実行できない。

バッチファイルの編集

❶作成したバッチファイルを右クリックして、「その他のオプションを表示」を選択して（Windows 11のみ）、ショートカットメニューから「編集」を選択します。

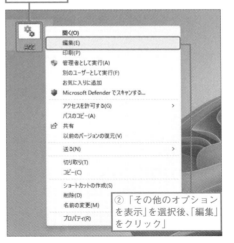

① 右クリック

② 「その他のオプションを表示」を選択後、「編集」をクリック」

❷バッチファイルに、共有解除コマンドを以下のように記述します。先に記述した最後の「PAUSE」は、ここでは外すことにします。

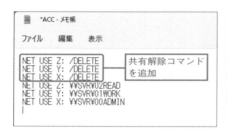

```
NET USE Z: /DELETE
NET USE Y: /DELETE
NET USE X: /DELETE
NET USE Z: ¥¥SVR¥02READ
NET USE Y: ¥¥SVR¥01WORK
NET USE X: ¥¥SVR¥00ADMIN
```

❸バッチファイルを上書き保存します。メニューバーから「ファイル」-「保存（バージョンによっては上書き保存）」を選択します。

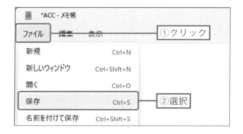

バッチファイルの実行

❶バッチファイルを実行して、正常に動作することを確認します。このバッチファイルでは、割り当てたいドライブ名における共有フォルダーを解除してから、共有フォルダーを割り当てています。

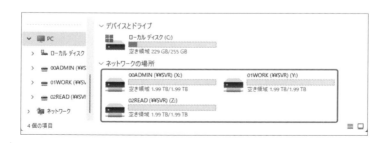

バッチファイルをスタートアップに登録する（デスクトップにサインイン時に割り当てを自動化する）

バッチファイルが正常に動作することを確認したら、**クライアント上で該当ユーザーアカウントがサインイン（ログオン）した際に自動的にバッチファイルを起動する設定**を施します。

これにより、オペレーターはPC起動直後からサーバーの共有フォルダーであることを意識せずに、ローカルドライブ同様にデータフォルダーを扱うことができる環境が実現できます。

❶ショートカットキー ⊞ ＋ Ｒ キーを入力して「ファイル名を指定して実行」を表示します。「ファイル名を指定して実行」から「SHELL:STARTUP」と入力して Enter キーを押します。

❷開かれた「スタートアップ」フォルダーに先に作成したバッチファイルをドロップします。このフォルダーに登録したショートカットアイコン／バッチファイルは、デスクトップにサインイン（ログオン）した際に自動実行されます。

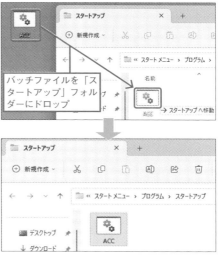

Column ユーザー切り替え時の注意

　ここで説明したバッチファイルを利用する場合、同一PCにおいて「ユーザー
アカウントが作業途中の状態でサインアウト（ログオフ）せずに、別のユーザー
アカウントでデスクトップにサインイン（ログオン）して作業する」行為は禁止
になります。

　これはデスクトップへのサインイン（ログオン）時にバッチファイルが実行さ
れると、ネットワークドライブの解除を実行しようとするためです。

Chapter
1
Chapter
2
Chapter
3
Chapter
4
Chapter
5
Chapter
6
Chapter
7
Chapter
8
Appendix

Chapter 8

セキュリティと応用設定

8-1 セキュリティリスクを知り管理する

余計なものを「導入しない」「開かない」「実行しない」

　PCのセキュリティの危険性といえば、ウイルス／ワーム／スパイウェア／ランサムウェアなどの「マルウェアに侵される」ことですが（本書では悪意の総称を「マルウェア」と表記）、なぜこのような悪意はPC上で実行されてしまうのでしょうか？

　PCがマルウェアに侵されてしまう理由のほとんどが

　・「インターネットで変なサイトにアクセスした」
　・「変なプログラムを開いた（実行した）」
　・「Web上で勧められたままにダウンロードしてインストールした」

など、実は人為的に「許可」「開く」「実行する」などの操作によって起こっています。

　つまり、PC上のセキュリティ対策設定も大切なのですが、**まずは「人」がPC上で余計なものを「導入しない」「開かない」「実行しない」という管理がビジネス環境では極めて重要**になります。

　「業務に関係ないWebサイト（アダルトサイトなど）の閲覧」や「業務に関係のないプログラム（ゲームなど）の導入」はオフィス内で禁止として、PCに触れるすべての人に周知徹底してください。

▶ネットワーク管理者が社員にセキュリティリスクを解説する

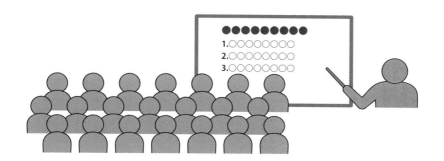

アダルトサイトの閲覧や業務に関係ないプログラムはインストールしないことを、オフィス内で
PCを触る人すべてに周知徹底する。

サーバーでは絶対にオペレーティングを行わない

PCからの情報漏えいやセキュリティの危機は、人為的な悪意を除けば「マ
ルウェア」によって引き起こされます。

PCがマルウェアに侵されてしまうのは、前述のとおり何らかを「許可」
「開く」「実行する」ことによって引き起こされます。

このような特性を考えても、重要なデータファイルが集約されている
「サーバー」は、管理設定以外は操作しないというのが鉄則になります。

サーバーで「アプリやプログラムは導入しない」「ファイルは開かない」
「Webブラウズを行わない」などいわゆる「サーバーとして動作が必要な設
定以外は何もしない」ことを守れば、サーバーがマルウェアに侵される可能
性はほぼなくなります。

Chapter
8
セキュリティと応用設定

サーバー上でのオペレーティングその
ものがセキュリティリスクを増やす行為

✕ アプリ／プログラム／拡張機能など
をインストールする

✕ アプリ（Microsoft Office など）を
利用する

✕ Webブラウズなどを行う

✕ USBメモリなどのデバイスを接続する

サーバーでオペレー
ティングしないことが
マルウェア感染リスク
を減らす

サーバー

ウイルス対策とアンチウイルスセキュリティ

PCには別途アンチウイルスソフトを購入して導入しなければならない、というのは過去のWindowsの話です。

PCにはもちろんウイルス対策（マルウェア対策）が必要ですが、Windows 11 ／ 10にはウイルス対策として「Microsoft Defender」が標準で搭載されています。

市販のアンチウイルスソフトと比べても、**Microsoft Defenderのマルウェア検出率は劣っていません。むしろWindows 11 ／ 10のアップデート時などにトラブルが少なく、何よりも「無料」であることを考えても、コストがかけられない小さな会社ではお勧めのウイルス対策になります。**

なお、特定のアンチウイルスソフトの固有機能を必要とする場合や、会社・組織などで定められたアンチウイルスソフトタイトルがある場合などは、該当タイトルを導入して利用しましょう。

ちなみに、**Web上に存在する「無料のアンチウイルスソフト」の導入は厳禁**です。将来のサポートに不安を残すほか、そもそも最初から悪意を実行するタイトルなども存在するためです。

▶アンチウイルスソフトの違い

タイトル	安定動作	料金	お勧め	特徴
Microsoft Defender（Windows標準）	◎	無料	◎	OSとの相性問題が起こらず安定動作。OSサポート期間内であれば永年無料
サードパーティ製セキュリティソフト	○	有料	○	料金の支払いを継続しないと機能無効になる。採用するならビジネス向け（コーポレート版）セキュリティソフトを導入する
無料セキュリティソフト	△	無料	×	将来のサポートやアップデートなどを含めセキュリティリスクが高くビジネス環境に不向き

アップデートによるセキュリティの確保

OSやアプリの脆弱性（プログラムの欠陥や開発者が想定していない利用方法で悪意や脅威が実行されてしまう問題）を解決するためには、必ず定期的なアップデートが必要です。

Windowsにおいては、「Windows Update」が自動的にセキュリティアップデートを適用する仕組みで、ウイルス対策において標準の「Microsoft Defender」を利用している場合には「ウイルス対策プログラム」や「ウイルスデータベース」の更新も自動的に行われます。

アプリにおいても自動的に更新するものがほとんどですが、特に「データを開くアプリ（ワープロや表計算ソフト）」「インターネットに接続するアプリ（Webブラウザーやメールソフト）」など攻撃対象になり得るソフトウェアに対しては最新版へのアップデートを心がけてください。

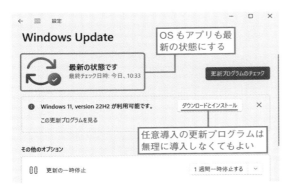

Windows 11 ／ 10において日常的にインターネットに接続していれば、自動的に重要な更新プログラムは適用される。なお、導入の可否を選択できる更新プログラム（機能更新プログラムなど）は、いわゆる任意導入であるため、アプリやデバイスの互換性などを考慮してしばらく導入を控えるのも管理の１つだ。

Windows 11 ／ 10のサポート期間を確認

　Windows 11 ／ 10には「バージョン」が存在します。Windowsバージョンの上二桁は西暦20xxのxxを示しており、また末尾の「H1」は前期、「H2」は後期であることを示します。

　Windows 11 Home ／ Proはリリース日から24か月間、Windows 10 Home ／ Proはリリース日から18か月間がサポート期間になります。

　本書執筆時点でも「古いバージョンのWindows 10（2021年以前にリリースされたバージョン）」はサポートが終了しており、セキュリティアップデートは行われない「セキュアではないOS」ということになります。

　Windowsのバージョンの更新はインターネットに接続していれば自動的に行われますが、数年使っていなかったPCをローカルエリアネットワークに接続する際には、あらかじめ独立した環境でWindows Updateを実行してサポート期間内のバージョンにする必要があります。

ショートカットキー ⊞ + Ⅹ→Ⅴキーで、Windows 11／10の「バージョン」を確認できる。該当バージョンがサポート終了している場合には、「セキュリティアップデートが行われない（つまりPCとしての安全性が確保できない）」ことに注意。

▶Windowsバージョンのサポート期間（サービスタイムライン）

OS名とエディション	サポート期間
Windows 11 Home ／ Pro	リリース日から24か月間
Windows 11 Enterprise ／ Education	リリース日から36か月間
Windows 10 Home ／ Pro	リリース日から18か月間
Windows 10 Enterprise ／ Education	H1はリリース日から18か月間、 H2はリリース日から30か月間

▶Windows 11 Home ／ Proのバージョンごとのサポート終了日

バージョン	リリース日	サポート終了日
バージョン22H2	2022年9月20日	2024年10月8日
バージョン21H2	2021年10月4日	2023年10月10日

▶Windows 10 Home ／ Proのバージョンごとのサポート終了日

バージョン	リリース日	サポート終了日
バージョン22H2	2022年10月18日	2025年10月14日
バージョン21H2	2021年11月16日	2023年6月13日

Chapter 8 セキュリティと応用設定

Column セキュリティアップデートを行わないOS・アプリの利用は「禁止」

「メーカーがアップデートを供給しなくなったOS」「メーカーがアップデートを供給しなくなったアプリ」の利用は禁止です。

サポートが終了したOS・アプリは新しい悪意に対応できないからです。具体的には、Windows 8.1／Windows 7／Windows Vista／Windows XPなど、Microsoft Officeであれば2013／2010／2007などは既にサポートが終了しているため、絶対に利用してはいけません。

8-2 Windowsのセキュリティの正常性確認

PCのセキュリティが正常であることの確認

　PCのセキュリティ全般の正常性は、「Windowsセキュリティ」で確認します。

　「Windowsセキュリティ」の「セキュリティの概要」欄で、**「×」マークがある場合には、メッセージに従い必ず対処**します。

　また、「！」マークは推奨機能が有効になっていないという意味で、最終的な判断は環境任意になります。必然性がなければ「無視」をクリックすれば正常性を示す「チェックマーク」にできます。

❶通知領域から「Windowsセキュリティ」をクリックします。なお、「Windowsセキュリティ」のアイコンの柄はWindowsのバージョンによって異なります。

▶「×」マークへの対処

「×」マークが存在する場合には、メッセージに従い必ず対処する。左の画面であれば、「ウイルスと脅威の防止」における「リアルタイム保護」が有効になっていないため、「有効にする」をクリックして正常な状態にする。

▶「！」マークへの対処

「！」マークへの対処は
ビジネス環境任意にな
る。「OneDriveのセッ
トアップ」「サインイン」
などはMicrosoftが自
社のクラウドを利用さ
せようとしているだけ
なので、必要性を感じ
なければ「無視」をク
リックして対処する。

Chapter
8
セ
キ
ュ
リ
テ
ィ
と
応
用
設
定

望ましくないアプリをブロックする「評価ベースの保護」

望ましくないアプリをブロックしたい場合には、以下の手順に従います。

なお、以下の手順は「Windowsセキュリティ」の評価基準で悪意を含む
可能性のあるアプリやダウンロードをブロックする設定であり、すべての悪
意をブロックするわけではありません。

また、設定名にあるように「望ましくない可能性のある〜」なので、悪意
を含まないアプリも機能判定としてブロックされてしまうことがあります。

❶「Windowsセ キ ュ リ テ ィ
（セキュリティの概要）」から
「アプリとブラウザーコント
ロール」をクリックします。

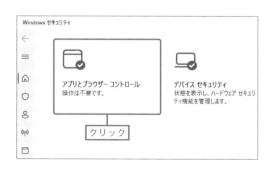

❷「評価ベースの保護」欄から「評価ベースの保護設定」をクリックします。

❸「望ましくない可能性のあるアプリのブロック」をオンにして、「アプリをブロックする」「ダウンロードをブロックする」の双方をチェックします。

ウイルススキャンによるマルウェア検知と駆除

「Microsoft Defenderウイルス対策」はストレージやネットワークにおけるデータの入出力を監視してウイルスデータベースと照らし合わせてマルウェアの検知・駆除を行うほか（リアルタイム保護）、またヒューリスティック機能（過去のマルウェアの経験則に従って未知の脅威を検出する仕組み）

も搭載しています。

　つまり常に監視してPCがマルウェアに侵されないようにしているのですが、インターネットの世界においては日々新しい悪意が生み出されるため、その時点で新しい悪意は検知されず「すり抜け」が起こっている可能性も否定できません。

　手早く「現在のPCにマルウェアが存在していないか？」を確認したい場合には「クイックスキャン」を実行します。「クイックスキャン」では、現在メモリ上で動作しているプロセスと、主要フォルダー（システムフォルダー・プログラムフォルダー・ユーザーフォルダーなど）を対象にマルウェアの検知・駆除を行います。

　また、任意の対象に対してウイルススキャンを行いたい場合には、「スキャンのオプション」から該当するオプションを選択します。

❶「Windowsセキュリティ（セキュリティの概要)」から、「ウイルスと脅威の防止」をクリックします。

❷「クイックスキャン」をクリックすれば、主要フォルダーを対象にマルウェアの検知・駆除を行います。また、任意のオプションを選択したい場合には、「スキャンのオプション」をクリックします。

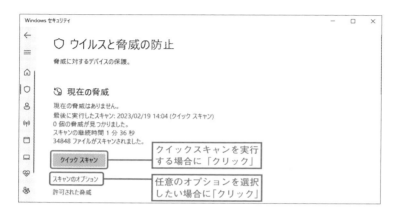

❸「フルスキャン」はPC全体、「カスタムスキャン」は任意のフォルダー、「オフラインスキャン」はPCを再起動して最小限のプロセスでWindowsを起動して駆除が行いやすい状態でスキャンを行います。オプションを任意に選択して、「今すぐスキャン」をクリックします。

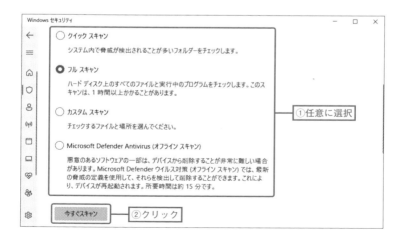

Column 任意のフォルダーをスキャンする

　エクスプローラーで対象のフォルダーを右クリックして、ショートカットメ
ニューから「その他のオプションを表示」を選択して（Windows 11のみ）、
「Microsoft Defenderでスキャンする」を選択すれば、任意のフォルダーを対
象にウイルススキャンできます。

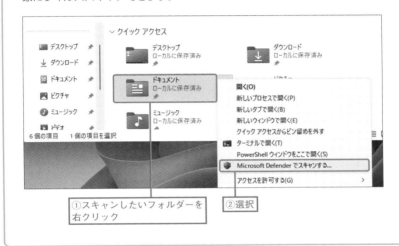

①スキャンしたいフォルダーを
右クリック　②選択

8-3 セキュリティ対策のための クライアントの管理

セキュアに保つために必要なクライアントの管理

ローカルエリアネットワークの安全性という意味では、サーバーにアクセスできる各クライアントのセキュリティ対策も重要です。

クライアントのセキュリティ対策としては、ここまで第8章で解説した内容全般、特に

・余計なものを「許可しない」「開かない」「実行しない」
・アップデートによるセキュリティの確保
・PCのセキュリティが正常であることの確認

などが挙げられますが、このほかにも以下のような事項が挙げられます。

▶クライアントをセキュアに保つために必要な管理

デスクトップにサインイン（ログオン）するユーザーアカウントの管理（P.253参照）	1人に1台のPCを割り当て、各ユーザーが自分のPCを利用することが理想。1人に1台のPC割り当てが不可能な場合には、各人でデスクトップサインインアカウントを使い分けるようにする
業務に必須のアプリ以外導入しない（P.254参照）	業務に必須のアプリ以外導入しないことを徹底する
Webブラウズ中に悪意に侵されない（P.255参照）	Web上の偽警告などに誘導されて、連絡をしたり、アカウントを入力したり、マルウェア導入を行わないようにする
離席時に必ず「ロック」する（P.256参照）	PCを直接操作されないように「離席時にデスクトップのロック」を徹底する。また、ロックを忘れた場合も想定して「一定時間無操作が続いたら自動的にロックを行う設定」も適用する

デスクトップにサインイン（ログオン）するユーザーアカウントの管理

「各人の作業するPCが使い分けられている場合」と「各人が作業するPC が使い分けられていない場合」で対策が異なります。

どちらも共通しているのは、「デスクトップにサインイン（ログオン）するユーザーアカウントは自分のみで利用する」という点を守ることです。

各人の作業するPCが使い分けられている場合

各人が作業するPCを使い分けている場合（同じPCで他の人が作業しない）、結果的に「社内の人間がユーザーアカウントを使い分けている」ことになり、次項の「各人が作業するPCが使い分けられていない場合」よりは安全な状態です。

なお、**PCを他者（同僚や家族を含めたすべての人）に貸す行為は禁止**になります。PCを貸してしまった場合、他者が本来与えられていない権限でサーバーにアクセスできてしまうため、情報漏えいなどの危険性があるからです。

各人の作業するPCが使い分けられていない場合

PCリソースなどの関係で1台のPCを複数の人でシェアして使わなければならない、つまり「同じPCで複数の人（立場が違う人）が作業する」という環境の場合、個人ごとにユーザーアカウントを作成してデスクトップサインインアカウントを使い分ける必要があります（PCに対する作業者が変更される際には前作業者のサインアウト（ログオフ）が必要）。**これは個人ごとにユーザーアカウントを使い分けないとサーバーアクセスのセキュリティが保てないためです。**

ちなみに本来はオフィス内にいるひとりひとりに固有のユーザーアカウントを発行するのが理想ですが、全員にいちいち個人名のユーザーアカウントを発行するのは手間だという場合には、「アルバイト用」など立場別の管理

でもよいでしょう。

　重要なのは「**許可された人のみ共有フォルダーにアクセスでき、許可され
ない人は共有フォルダーにアクセスできない**」という管理の実現です。

業務に必須のアプリ以外導入しない

　ビジネス環境のPCには「**業務に必須のアプリ以外はPCに導入しない・
PC上でアプリを実行しない**」ことが鉄則です。

　Web上から任意のアプリをダウンロードして開く（インストール・実行）
ことは、マルウェアに感染する可能性が拭えず、情報漏えい・ランサムウェ
ア・乗っ取りなどの被害が発生する可能性があります。

　よって、フリーウェアや外部から渡されたツールなども、安全であること
を確認できない場合には開いてはいけません。

　ちなみに、「安全といわれていたフリーウェアが、のちの自動アップデー

トでマルウェアになった」という事例も存在しますので、評判を頼りに「アプリの安全性を判断する」ことは危険です。安全だといわれるタイトルであっても、ダウンロード元によっては改造してマルウェアを埋め込んでいることもあります。

　全般的に「ネットワーク管理者以外のアプリ導入は禁止」というルールを定め、任意のアプリ導入が必要な場合には、必ずネットワーク管理者に報告して許可を得るという管理が理想になります。

Webブラウズ中に悪意に侵されない

　Microsoft EdgeやGoogle ChromeなどのWebブラウザー内で、「ウイルスに感染している」「PCやシステムに問題がある」「修復ツールが必要」などと表示されたら、**すべてウソであり偽警告**です。

　この偽警告の指示に従って操作すると、PCがマルウェアに侵されてしまい情報漏えいやPCの乗っ取りなどの被害を受け、場合によってはネットワーク全体の安全性が脅かされます。

　このような悪意にダマされないためにも、**ビジネス環境ではWebブラウズにおいて「業務に必要なWebサイト以外アクセスしない」「不要なリンクをクリックしない」「Webサイトからアプリやツールをダウンロードしない」ことをルール**とします。

　メールにおけるセキュリティもWebブラウズと同様で、「悪意が含まれるメールは無視」「不要なリンクをクリックしない」「業務に関係のない添付ファイルを開かない」ことを心がけます。

　特にメールの添付ファイルには注意が必要で、ファイルがプログラムファイルやインストーラー（ファイルの拡張子が「EXE」「COM」「MSI」など）である場合には絶対に開かないようにします。また、普段目にしていない拡張子のファイルは開かず、ネットワーク管理者などに安全性や扱い方の確認をとりましょう。

Chapter
8

セキュリティと応用設定

▶Webブラウザー内の警告表示は「偽警告（フェイクアラート）」

Webブラウズ中にメッセージが表示されたり警告音が鳴ったりしても、「偽警告」であるため（画面はもちろん「偽警告」）、指示には従わずWebブラウザーを閉じればよい。もし不安を感じるのであればPCに導入済みのウイルス対策ソフト（Microsoft Defenderなど）でウイルススキャンして安全性を確認する（P.248参照）。

「ロック」でセキュリティを確保する

PCを直接操作されたりデータを盗み見られたりしないように、離席時には「デスクトップのロック（ロック）」を心がけます。

「ロック」は［スタート］メニューから実行することもできますが、ショートカットキー ⊞ ＋ Ｌ キーで手早く実行できるので、PCに触れるすべての人に覚えてもらいましょう。

なお、万が一「ロック」をし忘れた場合に備えて、「一定時間無操作が続いたら自動的にロックを行う設定」を適用しておくことも必要です（下表参照）。

▶一定時間無操作が続いたら自動的にロックを行う設定

| Windows 11 | P.263参照 |
| Windows 10 | P.265参照 |

8-4 リモートデスクトップによるリモートコントロール（応用任意設定）

リモートデスクトップによるリモートコントロール

　PCから他のPCを操作できるのが「リモートコントロール」であり、その
リモートコントロールをWindowsの標準機能で実現できるのが「リモート
デスクトップ」です。

　「リモートデスクトップ」は必ず適用しなければならない設定ではありま
せんが、ビジネス環境によっては、コストダウンやセキュリティも追求でき
ます（次ページ参照）。

　リモートデスクトップにおいてリモートコントロールされる側を「リモー
トデスクトップホスト（ホスト）」、ホストに接続してリモートコントロール
する側（リモートデスクトップ接続を行う側）を「リモートデスクトップク
ライアント（クライアント）」といいます。

Chapter
8
セキュリティと応用設定

▶リモートデスクトップの仕組み

リモートデスクトップクライアント　　　　　　　　　リモートデスクトップホスト

操作情報を送信

ホストの操作画面を送信

ホストPCをリモートコントロールして操作&設定！！

リモートデスクトップホスト対応エディション

　「リモートデスクトップ」において「リモートデスクトップクライアント」はすべてのWindows 11 ／ 10で対応しますが、「リモートデスクトップホスト」については対応するエディションが限られます。

　リモートデスクトップホスト／リモートデスクトップクライアントの対応エディションは下表のようになります。

▶ リモートデスクトップ機能に対応するエディション

	リモートデスクトップ ホスト （コントロールされる側）	リモートデスクトップ クライアント （コントロールする側）
Windows 11 Enterprise	○	○
Windows 11 Education	○	○
Windows 11 Pro	○	○
Windows 11 Home	×	○
Windows 10 Enterprise	○	○
Windows 10 Education	○	○
Windows 10 Pro	○	○
Windows 10 Home	×	○

環境によってコストダウン＆セキュリティ効果がある「リモートデスクトップ」

　サーバー PC は単にクライアントのアクセスを受けるだけの存在なので、サーバーとしてのセットアップを完了してしまったのちは直接操作しなければならない場面というのはそれほどありません。

　もちろん、必要に応じてメンテナンスや設定変更を行わなければならない場面は存在しますが、ほぼ操作しないサーバー PC のために液晶ディスプレイ／キーボード／マウスを常時接続して、さらに机や椅子を割り当てるのは予算が限られる小さな会社では「もったいない」ともいえます。

　サーバー PC の OS が「リモートデスクトップホスト」を満たすエディショ

ンであれば、リモートデスクトップ接続許可設定を行うことによりクライアントからネットワーク経由でサーバーの操作を行えるため、サーバー PC に液晶ディスプレイ／キーボード／マウスを常時接続しておく必要がなくなります。

　また、ネットワークケーブルが届く範囲内にサーバー PC を配置すればよくなるため、オフィス内におけるサーバー PC のレイアウトの自由度に大きく貢献します。

　そして別側面のメリットとしてはサーバー PC を直接操作する（できる）場面が減るため、結果的に直接操作によるサーバー PC への悪意が行われにくくなるというセキュリティ的なメリットもあります。

▶リモートデスクトップを活用したコストダウン＆配置の自由度＆セキュリティの確保

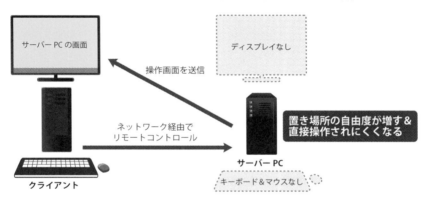

サーバー PC で「リモートデスクトップホスト」を有効にすれば、液晶ディスプレイ／キーボード／マウスレスで運用することも可能だ。なお、PC によっては液晶ディスプレイ／キーボード／マウスレスを実現するために UEFI ／ BIOS 設定が必要なものもあるため、この点に難しさを感じるのであれば無理に構築しないでよい。

Chapter
8
セキュリティと応用設定

リモートデスクトップホストの設定

リモートデスクトップホスト（リモートコントロールされる側）の設定については、下表を参照してください。

なお、リモートデスクトップホストへの接続には、管理者権限を持つユーザーアカウントを指定する必要があります（下記のコラム参照）。

▶リモートデスクトップホスト（リモートコントロールされる側）の設定

| Windows 11 | P.264参照 |
| Windows 10 | P.266参照 |

Column リモートデスクトップ接続は「管理者」が自動的に許可される

リモートデスクトップクライアントからリモートデスクトップホストへのアクセスは、ホスト上に存在するユーザーアカウントでかつ、アカウントの種類が「管理者」のものは自動的にアクセス許可されます。

逆の言い方をすると、ホスト上に存在する「管理者権限を持つユーザーアカウント」は、すべて接続許可されてしまうので、サーバー PC を「リモートデスクトップホスト」として運用したい場合には、ホストのユーザーアカウント管理に注意が必要です。

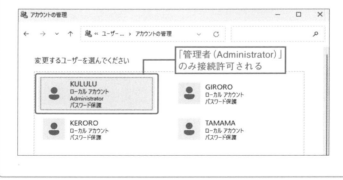

クライアントからリモートデスクトップホスト接続

Windows 11 ／ 10 クライアントからリモートデスクトップホスト（あらかじめホストとなる PC のリモートデスクトップホスト設定が必要、Windows 11 は P.264 ／ Windows 10 は P.266 参照）に接続するには、以下の手順に従います。

なお、詳細な接続手順はホスト OS の種類／エディション／バージョン、現在のホスト OS 上のサインイン（ログオン）状態、また以前の接続状態などによって異なります。警告表示などが表示された場合には、そのメッセージに従いましょう。

❶ Windows 11 であれば、［スタート］メニューから「すべてのアプリ」ー「Windows ツール」を選択して、「リモートデスクトップ接続」を選択します。Windows 10 であれば［スタート］メニューから「Windows アクセサリ」ー「リモートデスクトップ接続」を選択します。

❷「リモートデスクトップ接続」が表示されるので、「コンピューター」欄に「ホストのコンピューター名」を入力します（例えばホストのコンピューター名が「SVR」の場合には「SVR」と入力）。「接続」をクリックします。

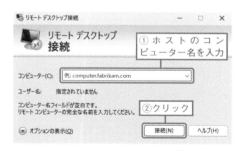

❸ホスト側で接続許可されているユーザー名（ホスト上に存在する管理者権限を持つユーザーアカウント）とパスワードを入力します。対象アカウントがローカルアカウントの場合には「[ホストのコンピューター名]￥[ユーザー名（ローカルアカウント)]」という形でホストを指定したうえでユーザー名を指定します（例えばホストのコンピューター名が「SVR」、ユーザー名が「KULULU」の場合には「SVR￥KULULU」と入力)。「OK」をクリックします。

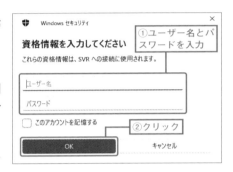

❹「このリモートコンピューターのIDを識別できません。接続しますか？」のメッセージが表示された場合には、「このコンピューターへの接続について今後確認しない」をチェックして、「はい」をクリックします。

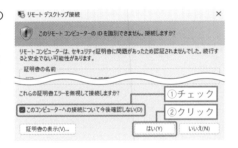

❺リモートデスクトップ接続が実現します。

8-5 Windows 11のセキュリティ設定／リモート設定

一定時間無操作が続いたら自動的にロックを行う設定

Windows 11で指定時間無操作が続いたら自動的にロックを行う設定を適用したい場合には、以下の手順に従います。この設定は非スリープ状態でデスクトップのロックが行えることがポイントです。

なお、ビジネス環境にもよりますが、セキュリティを考えるとなるべく短い時間に設定することが推奨されます。

❶「⚙設定」から「個人用設定」－「ロック画面」と選択して、「スクリーンセーバー」をクリックします。

```
←  ≡  設定              –  □  ×
個人用設定 ＞ ロック画面

🔲  ロック画面を個人用に設定          Windows スポットライト ∨

🔳  ロック画面の状態
    ロック画面に詳細な状態を表示するアプリを選択します   🔲 カレンダー ∨

サインイン画面にロック画面の背景画像を表示する         オン ⬤

関連設定

画面タイムアウト設定                           ＞

スクリーン セーバー                           ⤴
                          ┌─────┐
                          │クリック│
                          └─────┘
🔍  ヘルプを表示
🎙  フィードバックの送信
```

Chapter 8 セキュリティと応用設定

❷「再開時にログオン画面に戻る」をチェックして、「待ち時間」で任意のロックまでの待ち時間（分数）を指定します。「OK」をクリックします。

[任意設定] Windows 11でのリモートデスクトップホスト設定

　リモートデスクトップホスト（コントロールされる側）として、他のPCからの接続（リモートコントロール）を許可するには、以下の方法で設定します（任意設定、必然性がある場合のみ設定）。

　なお、**リモートデスクトップホストは、「Windows 11 Pro ／ Enterprise ／ Education」のみで設定可能です**。

「⚙設定」から「システム」－「リモートデスクトップ」と選択します。「リモートデスクトップ」を「オン」にします。

8-6 Windows 10のセキュリティ設定／リモート設定

一定時間無操作が続いたら自動的にロックを行う設定

Windows 10で指定時間無操作が続いたら自動的にロックを行う設定を適用したい場合には、以下の手順に従います。この設定は非スリープ状態でデスクトップのロックが行えることがポイントです。

なお、ビジネス環境にもよりますが、セキュリティを考えるとなるべく短い時間に設定することが推奨されます。

❶「⚙️設定」から「個人用設定」－「ロック画面」と選択して、「スクリーンセーバー設定」をクリックします。

❷「再開時にログオン画面に戻る」をチェックして、「待ち時間」で任意のロックまでの待ち時間（分数）を指定します。「OK」をクリックします。

[任意設定] Windows 10でのリモートデスクトップホスト設定

　リモートデスクトップホスト（コントロールされる側）として、他のPCからの接続（リモートコントロール）を許可するには、以下の方法で設定します（任意設定、必然性がある場合のみ設定）。

　なお、**リモートデスクトップホスト**は、「**Windows 10 Pro ／ Enterprise ／ Education」のみで設定可能です**。

「🔧設定」から「システム」－「リモートデスクトップ」と選択します。「リモートデスクトップを有効にする」を「オン」にします。

トラブルシューティング

Chapter
1

Chapter
2

Chapter
3

Chapter
4

Chapter
5

Chapter
6

Chapter
7

Chapter
8

Appendix

Appendix ネットワークトラブルQ&A

サーバー上の共有フォルダーでアクセス許可設定ができない

サーバーの共有フォルダー設定において、共有許可したいユーザー名の指定ができない場合には、**「サーバーに該当のユーザーアカウント（ユーザー名とパスワードの組み合わせ）が登録されていない」**ことが原因です。

アクセス許可したいユーザー名（ユーザーアカウント）がサーバー上に存在するかを確認して、該当ユーザー名が存在しない場合にはユーザーアカウントをサーバー上で作成します。

▶アクセス許可時の「名前が見つかりません」というエラー

名前が見つかりません ✕

"NANASI" という名前のオブジェクトが見つかりません。選択したオブジェクトの種類と場所、および入力したオブジェクト名が正しいことを確認してください。または、選択項目からこのオブジェクトを削除してください。

○ このオブジェクト情報を訂正し、もう一度検索する(C)
オブジェクトの種類の選択(S):
ユーザー、グループ または ビルトイン セキュリティ プリンシパル   オブジェクトの種類(O)...
場所の指定(F):
SVR   場所(L)...
オブジェクト名の入力(E):
NANASI
○ 選択項目から "NANASI" を削除する(R)

OK   キャンセル

サーバー上の共有フォルダーで、自分が許可したいユーザー名が追加できない（追加しようとすると「名前が見つかりません」の表示になる）……これは、サーバーに該当ユーザー名（ユーザーアカウント）が登録されていないからだ。

アカウント一覧の確認（サーバー）

コントロールパネル（アイコン表示）から「ユーザーアカウント」を選択して、「別のアカウントの管理」をクリックします。現在サーバー上に存在するユーザー名を一覧で確認できます。ここの一覧に存在しないユーザー名は、共有フォルダー設定において共有許可できません。

▶ サーバー上にあるアカウントの確認

共有フォルダーでアクセス許可するためのユーザーアカウント作成（サーバー）

　共有フォルダーでアクセス許可するためのユーザーアカウント作成については、Windows 11は6-4、Windows 10は6-5で手順を解説しています。本文でも記述していますが、「ローカルアカウントで作成する」「日本語名を使用しない」「デスクトップにサインインするユーザー名とは別の文字列にする（共有フォルダーでアクセス許可指定するための専用ユーザーアカウントを作成する）」などに注意します。

Appendix

トラブルシューティング

▶ ユーザーアカウント作成

Microsoft アカウント   ✕

この PC のユーザーを作成します

このアカウントが子供または 10 代のユーザー向けのアカウントの場合は、**[戻る]** を選択して Microsoft アカウントを作成することを検討してください。若い家族が Microsoft アカウントでログインすると、年齢に焦点を当てたプライバシー保護が提供されます。

パスワードを使用する場合は、覚えやすく、他人からは推測されにくいパスワードを選んでください。

この PC を使うのはだれですか?

| GIRORO |

パスワードの安全性を高めてください。

| ●●●●●●●● |

| ●●●●●●●● |

共有許可するためのユーザーアカウントを必ず「ローカルアカウント」で作成する

パスワードを忘れた場合

次へ(N)　　戻る(B)

クライアントからサーバーにアクセスできない

　クライアントからサーバーにアクセスできないという場合には、以下の手順で確認を行います。

共有フォルダーへのアクセス（クライアント）

　「クライアントからサーバーの共有フォルダーにドライブ名を割り当ててアクセスする（Windows 11はP.207、Windows 10はP.210）」に従って操作します。

　フォルダー欄に「¥¥［サーバーのコンピューター名］¥［共有名］」を入力した際に**「〜にアクセスできません」と表示された場合には「サーバーの共有名」を確認**します。

　また「Windowsセキュリティ」で資格情報が認証できない場合には**「サーバーの共有フォルダーでアクセス許可されたユーザー名」を確認**します。

▶共有フォルダーへのアクセス時のエラー

共有フォルダーの共有名の確認（サーバー）

　共有フォルダーを右クリックして、ショートカットメニューから「プロパティ」を選択します。「［フォルダー名］のプロパティ」の「共有」タブでネットワークパス（クライアントから共有する際に指定する「¥¥［サーバーのコンピューター名］¥［共有名］」）を確認できます。

▶共有フォルダーの「共有名」の確認手順

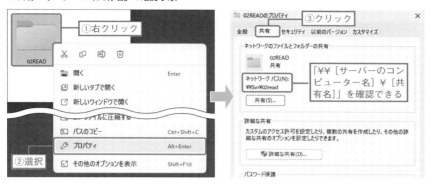

共有フォルダーにアクセス許可しているユーザーの確認（サーバー）

「［フォルダー名］のプロパティ」の「共有」タブで「詳細な共有」をクリックして、さらに「アクセス許可」をクリックします。共有フォルダーで許可しているユーザー名が確認できます。

なお、仮に「Everyone」をアクセス許可していても、Everyoneに含まれるのはあくまでも「サーバー上に存在するユーザーアカウント」であることに注意が必要です（サーバー上に存在しないユーザーアカウントはアクセス許可されない）。

▶共有を許可している「ユーザー名」の確認手順

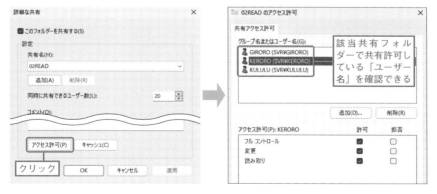

「プライベートネットワーク」であるかの確認（サーバー）

　サーバーにて共有を有効にするには、ネットワークプロファイルが「プライベートネットワーク」である必要があります。一度サーバーで設定した場合でも、**ルーターの置き換えなどで環境が変わると「パブリック」になってしまうこともある**ため、すべてのクライアントからサーバーに接続できない場合には「ネットワークプロファイル」を再確認します（Windows 11 は P.148 参照、Windows 10 は P.158 参照）。

▶ネットワークプロファイルの確認

Wi-Fi接続（無線LAN通信）ができない

　Wi-Fi接続（無線LAN通信）ができない場合には、以下の点を確認します。

Wi-Fi接続の確認（クライアント）

　通知領域内のWi-Fiアイコン（ネットワークアイコン）をクリックして、「クイック設定（アクションセンター）」内でWi-Fi接続がオンになっているか確認します（「クイック設定（アクションセンター）」にはショートカットキー ⊞ ＋ Ａ キーでアクセスすることも可能）。また、**接続しているアクセスポイント名（SSID）が正しいかを確認**します。アクセスポイント名が異なる場合には、Wi-Fiの「＞」をクリックして正しいものを指定します。

▶SSIDが間違っていた場合の設定

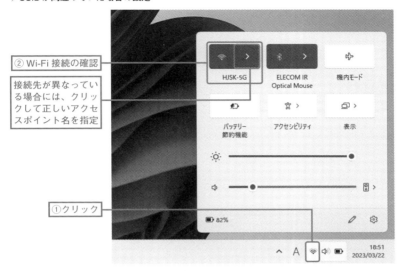

②Wi-Fi接続の確認

接続先が異なっている場合には、クリックして正しいアクセスポイント名を指定

①クリック

Wi-Fi接続をオフにしてからオンにする（クライアント）

スリープから復帰したPCでWi-Fi接続ができない場合には、クイック設定（アクションセンター）で一度Wi-Fiアイコンをクリックして、オフにしたうえでもう一度オンにします。

▶Wi-Fi接続のオン／オフ切り替え画面

一度クリックしてオフにしてから、再びクリックしてオンにする

無線LAN親機の設定（ルーター）

無線LAN親機（無線LANルーター）で「MACアドレスフィルタリング（P.80参照）」が有効になっていないかを確認します。

MACアドレスフィルタリングが有効になっている場合には、無線LAN親機の設定コンソール上で、該当PCにおける接続ネットワークアダプターの「MACアドレス」の登録が必要です（P.82参照）。

▶無線LAN親機の設定コンソールでのMACアドレスフィルタリングの確認

WPS	登録リスト
AOSS	MACアドレス　操作
	08:08:08:▮　修正　削除
MACアクセス制限	08:08:08:▮　修正　削除
マルチキャスト制御	検出された無線パソコン一覧
ゲストポート	MACアドレス　　　操作
無線引っ越し機能	無線パソコンは検出されていません
	現在の状態を表示

Column　Wi-Fi接続が正常であるにもかかわらずサーバーにアクセスできない

無線LANルーター導入時にPCのWi-Fi接続設定は正常であるにもかかわらず、Wi-Fi接続PC全般でサーバーにアクセスできないという場合には「二重ルーター」になっている可能性が高くなります。「ネットワーク情報の確認」で、プライベートIPアドレスがルーター／サーバーから見て割り当て範囲内かを確認して、同一セグメントではない場合には無線LAN親機（無線LANルーター）の接続・設定を見直しましょう。

なお、このような環境では「USB接続LANアダプター（P.44参照）」を用いることで、一時的に問題を解決できます（有線LANは必ずサーバーと同じハブに接続する）。

ネットワークトラブル時に確認・試すべき事柄

　ネットワークトラブル時に確認すべき共通項として以下のようなものがあります。

PCの再起動（クライアント）

　PCのトラブルは「現在の環境をリセットすること」で解決できることがほとんどなので、**クライアントの接続に問題がある場合にはPCの再起動を行う**とよいでしょう。

　なお、Windows 11 ／ 10において「再起動」と「シャットダウンからの電源オン」は特性が異なります。「シャットダウンからの電源オン」は高速スタートアップ（ハイブリッドブート）を行う関係で環境がリセットされないため、必ず環境をリセットしたい場合には「再起動」を行います。

▶再起動でリセットして解決

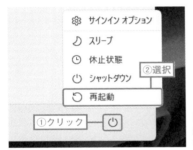

「シャットダウン」では環境がリセットされないため、必ず「再起動」を選択する。PCトラブル全般で役立つのが「再起動」だ。

ネットワーク情報の確認

　「ネットワーク情報」を確認して、全般的にネットワーク接続に問題がないかを確認します。ローカルエリアネットワーク上のネットワーク通信は、同一セグメントでなければならないため、**PCのネットワークアダプターのプライベートIPアドレスがルーターのDHCPに従った値になっているかを確認**します。

Appendix

トラブルシューティング

▶ルーターのIPアドレス／DHCP範囲の確認

IPアドレス：	192.168.1.1	
サブネットマスク：	255.255.255.0	
DHCP範囲：	192.168.1.2	- 192.168.1.100

ルーターのIPアドレスとDHCP範囲（割り当てIPアドレス）を確認。ここでPCに割り当てられる（通信可能な）IPアドレスを確認できる（このルーター環境であれば、PCのIPアドレスは「192.168.1.x」でなければならない）。

▶プライベートIPアドレスの確認

PCのネットワークアダプターに割り当てられたIPv4アドレスを確認。ここがルーターから見て「［共通（固定）］．［共通（固定）］．［共通（固定）］．［固有番号］」であれば正常だ。また、異なる場合にはネットワーク環境に問題がある可能性が高い。

INDEX

読者特典データのご案内

読者の皆様に「IPアドレスの固定確認と固定解除」に関する原稿を特典として提供させていただきます。読者特典データは、以下のサイトからダウンロードして入手なさってください。

https://www.shoeisha.co.jp/book/present/9784798181240

※ 読者特典データのファイルは圧縮されています。ダウンロードしたファイルをダブルクリックすると、ファイルが解凍され、ご利用いただけるようになります。

●注意

※読者特典データのダウンロードには、SHOEISHA iD（翔泳社が運営する無料の会員制度）への会員登録が必要です。詳しくは、Web サイトをご覧ください。
※読者特典データに関する権利は著者および株式会社翔泳社が所有しています。許可なく配布したり、Web サイトに転載することはできません。
※読者特典データの提供は予告なく終了することがあります。あらかじめご了承ください。

●免責事項

※読者特典データの記載内容は、2023 年 5 月現在の法令等に基づいています。
※読者特典データに記載された URL 等は予告なく変更される場合があります。
※読者特典データの提供にあたっては正確な記述につとめましたが、著者や出版社などのいずれも、その内容に対してなんらかの保証をするものではなく、内容やサンプルに基づくいかなる運用結果に関してもいっさいの責任を負いません。
※読者特典データに記載されている会社名、製品名はそれぞれ各社の商標および登録商標です。

●著者プロフィール

橋本 和則（はしもと・かずのり）
IT著書は80冊以上におよび、代表作には『時短 × 脱ムダ 最強の仕事術』（SB
クリエイティブ）、『帰宅が早い人がやっている パソコン仕事 最強の習慣112』
『先輩がやさしく教えるセキュリティの知識と実務』『最新 Windows 10 上級リ
ファレンス 全面改訂第2版』『Windows 10完全制覇パーフェクト』（以上、翔泳
社）などがある。
Windows・セキュリティ・時短術・カスタマイズ・ハードウェア・ネットワー
クを個性的に解説した著書が多く、読者評価も高い。
オンライン講義も好評で、受講者満足度は10点満点で平均8.9点のスコアを誇る。
Windows 11総合サイト「Win11.jp」（https://win11.jp/）のほか、サーフェスの
総合サイト「Surface.jp」（https://surface.jp.net/）、橋本情報戦略企画Web
（https://hjsk.jp/）など7つのWebサイトを運営。
IT Professionalの称号である、Microsoft MVP（Windows and Devices for IT）
を16年連続受賞。

装丁・デザイン	round face 和田 奈加子
DTP・本文デザイン	BUCH+

ウィンドウズ
Windows でできる
小さな会社の LAN 構築・運用ガイド 第 4 版

2023年6月5日　　初版第1刷発行

著　者	橋本 和則
発行人	佐々木 幹夫
発行所	株式会社 翔泳社（https://www.shoeisha.co.jp）
印刷・製本	株式会社 ワコー

ISBN978-4-7981-8124-0　　　　　　　　　　　　　　Printed in Japan